U0383529

青少年网络素养读本·第1辑

罗以澄 万亚伟 主编

网络游戏与网络沉迷

WANGLUO YOUXI YU WANGLUO CHENMI

陈亚旭 著

宁波出版社
NINGBO PUBLISHING HOUSE

《青少年网络素养读本·第1辑》编委会名单

主　　编　罗以澄　万亚伟

副 主 编　林大吉　陈　刚

编委会成员（按姓名笔画排序）

万亚伟　江再国　张艳红　陈　刚

陈亚旭　林　婕　林大吉　罗以澄

袁志坚　黄洪珍　詹绪武

总　序

互联网技术的快速发展和广泛运用为我们搭建了一个丰富多彩的网络世界,并深刻改变了现实社会。当今,网络媒介如空气一般存在于我们周围,不仅影响和左右着人们的思维方式与社会习性,还影响和左右着人际关系的建构与维护。作为一出生就与网络媒介有着亲密接触的一代,青少年自然是网络化生活的主体。中国互联网络信息中心发布的第40次《中国互联网络发展状况统计报告》显示,我国网民以10—39岁的群体为主,他们占整体网民的72.1%,其中,10—19岁占19.4%,20—29岁的网民占比最高,达29.7%。可以说,青少年是网络媒介最主要的使用者和消费者,也是最易受网络媒介影响的群体。

人类社会的发展离不开一代又一代新技术的创造,而人类又时常为这些新技术及其衍生物所控制,乃至奴役。如果不能正确对待和科学使用这些新技术及其衍生物,势必受其负面影响,产生不良后果。尤其是青少年,受年龄、阅历和认知能力、判断能力等方面局限,若得不到有效的指导和引导,容易在新技术及其衍生物面前迷失自我,迷失前行的方向。君不见,在传播技术加速迭代的趋势下，海量信息的传播环境中，一些青少年识别不了信息传播中的真与假、美与丑、善与恶，以致是非观念模糊、道德意识下降，甚至抵御不住淫秽、色情、暴力内容的诱惑。君不见，在充满魔幻色彩的网络世界里，一些青少年沉溺于虚拟空间而离群索居，以致心理素质脆弱、人际情感疏远、社会责任缺失；还有一些青少年患上了“网络成瘾症”，“低头族”“鼠标手”成为其代名词。

2016年4月19日，习近平总书记在网络安全和信息化工作座谈会上指出：“网络空间是亿万民众共同的精神家园。网络空间天朗气清、生态良好，符合人民利益。网络空间乌烟瘴气、生态恶化，不符合人民利益……我们要本着对社会负责、对人民负责的态度，依法加强网络空间治理，加强网络内容建设，做强网上正面宣传，培育积极健康、向上向善的网络文化，用社会主义核心价值观和人类优秀文明成果滋养人心、滋养社会，做到正能量充沛、主旋律高昂，为广大网民特别是青少年营造一个风清气正的网络空间。”网络空间的“风清气正”，一方面依赖政府和社会的共同努力，另一方面离不开广大网民特别是青少年的网络媒介素养的提升。“少年智则国智，少年强则国强。”青少年代表着国家的未来和民族的希望，其智识生活构成要素之一的网络媒介素养，不仅是当下各界人士普遍关注的一个显性话题，也是中国社会发展中急需探寻并破解的一个重大课题。

网络媒介素养既包括对媒介信息的理解能力、批判能力，又包括对网络媒介的正确认知与合理使用的能力。为此,我们组织编写了这套《青少年网络素养读本》,第一辑包含由六个不同主题构成的六本书,分别是《网络谣言与真相》《虚拟社会与角色扮演》《网络游戏与网络沉迷》《黑客与网络安全》《互联网与未来媒体》《地球村与低头族》,旨在帮助青少年读者看清网络媒介的不同面相,从而正确理解和使用网络媒介及其信息。为适合青少年读者的阅读习惯,每本书的篇幅为15万字左右,解读了大量案例,并配有精美的图片和漫画,以使阅读与思考变得生动、有趣。

这套丛书是集体才智的结晶。编写者分别来自武汉大学、郑州大学、湖南科技大学、广西师范学院、东莞理工学院等高等院校,六位主笔都是具有博士学位的教授、副教授,有着多年的教学与科研经验;其中几位还曾是媒介的领军人物,有着丰富的媒介工作经验。编写过程中,他们秉持知识性、趣味性、启发性、开放性的原则,不仅带领各自的学生反复谋划、研讨话题,一道收集资料、撰写文本,还多次深入社会实践,倾听青少年的呼声与诉求,调动青少年一起来分析自己接触与使用网络的行为,一起来寻找网络化生存的限度与边界。因此,从这个层面上说,这套丛书也是他们与青少年共同完成的。还需要指出的是,六位主笔的孩子均处在青少年时期,与大多数家长一样,他们对如何引导自己的孩子成为一个文明的、负责任的网民,有过困惑,有过忧虑,有过观察,有过思考。这次,他们又深入交流、切磋,他们的生活经验成为本丛书编写过程中的另一面镜子。

作为这套丛书的主编之一，我向辛勤付出的各位主笔及参与者致以敬意。同时，也向中共宁波市委宣传部和宁波出版社的领导、向这套丛书的责任编辑表达由衷的感谢。正是由于他们的鼎力支持与悉心指导、帮助，这套丛书才得以迅速地与诸位见面。青少年网络媒介素养教育任重而道远，我期待着，这套丛书能够给广大青少年以及关心青少年成长的人们带来有益的思考与启迪，让我们为提升青少年的网络媒介素养共同出谋划策，为青少年的健康成长共同营造良好氛围。

是为序。

罗以澄

2017年10月于武汉大学珞珈山

目 录

总　序………………………………………………… 罗以澄

第一章　网络游戏概述

第一节　网络游戏的前世今生………………………………… 3
一、电子游戏之最 ………………………………………… 4
二、电视游戏时代 ………………………………………… 6
三、网络游戏时代 ……………………………………… 21

第二节　网络游戏的类型……………………………… 30
一、按游戏运行方式分类 ……………………………… 30
二、按游戏内容架构分类 ……………………………… 33

第三节　网络游戏的传播优势…………………………… 37
一、虚拟空间的无穷魅力 ……………………………… 37
二、天南地北的神秘玩家 ……………………………… 40

三、草根阶层的草根文化 …………………………… 42
四、迷幻炫美的理想世界 …………………………… 44
五、配合默契的玩家互动 …………………………… 47

第二章　网络游戏的正负能量

第一节　网络游戏的社会价值 …………………………… 53
一、游戏是理性与感性的结合 …………………………… 53
二、网络游戏已形成一个产业 …………………………… 55
三、网络游戏里的传统文化印记 …………………………… 58
四、网络游戏里的个体价值与团队精神 …………………………… 60
五、网络游戏里的规则与角色规范 …………………………… 62

第二节　网络游戏的心智教育功能 …………………………… 65
一、网络游戏与自我认同 …………………………… 65
二、网络游戏开发智力 …………………………… 68
三、网络游戏化解烦恼 …………………………… 70
四、网络游戏改变态度 …………………………… 72
五、网络游戏带来朋友 …………………………… 74

第三节　网络游戏存在的弊端 …………………………… 76
一、网络游戏令人沉迷 …………………………… 76

二、网络游戏影响人的性格 …………………………………… 81
三、游戏达人真的值得羡慕吗 ………………………………… 83
四、命断网吧的教训 …………………………………………… 85
五、没有免费的午餐 …………………………………………… 88

第三章 网络沉迷的现状与成因

第一节 何为网络沉迷……………………………………………… 93
一、网络沉迷的起源 …………………………………………… 94
二、我国青少年网络沉迷现状 ………………………………… 97
三、网络沉迷的行为倾向 ……………………………………… 99
四、一名网络沉迷者的心路历程 ……………………………… 101

第二节 网络沉迷的社会因素……………………………………… 107
一、密布街头的网吧 …………………………………………… 108
二、无孔不入的广告 …………………………………………… 112
三、如影随形的手游 …………………………………………… 115
四、“读书无用论”的误区……………………………………… 117
五、游戏交友的成长环境 ……………………………………… 120

第三节 网络沉迷的个人因素……………………………………… 124
一、幼稚的心灵世界 …………………………………………… 124

二、争分夺秒的玩欲 …………………………………………… 128
三、提高级别的热望 …………………………………………… 131
四、欲求不满的释放 …………………………………………… 133
五、青春期的逆反心理 ………………………………………… 136

第四节　网络沉迷的家庭因素……………………………… 138
一、单一的教育方式 …………………………………………… 139
二、适得其反的高压政策 ……………………………………… 141
三、残缺家庭造成的畸形性格 ………………………………… 143
四、家庭条件优越≠教育条件优越 …………………………… 146
五、父母角色缺失与隔代教育 ………………………………… 148

第四章　要游戏不要沉迷

第一节　汲取社会的正能量………………………………… 155
一、去网吧应有所节制 ………………………………………… 155
二、尊重需求与满足需求 ……………………………………… 159
三、辩证地对待广告宣传 ……………………………………… 162
四、遵守规则,保护隐私 ……………………………………… 165

第二节　校园是心灵氧吧…………………………………… 168
一、尊师重教,虚心好学 ……………………………………… 168

二、让孤独学生不再孤独 …… 173
三、网络使用须适时适度 …… 176
四、注意力管理是门学问 …… 180
五、别把虚拟与现实混为一谈 …… 182

第三节 亦师亦友是父母 …… 186
一、家庭的潜移默化功能 …… 186
二、改进传统的家庭教育方式 …… 188
三、创建良好的亲子关系 …… 192
四、上网时间的家庭契约 …… 197
五、改变媒介接触行为 …… 200

第四节 自我管理是变化的核心 …… 204
一、增强自我对网络的再认识 …… 205
二、玩游戏时间的个人把控 …… 208
三、谨慎交友,远离网络“瘾君子” …… 211
四、转移视线,扩大兴趣范围 …… 214

学习活动设计 …… 219
参考文献 …… 220
后 记 …… 222

第一章

网络游戏概述

主题导航

1 网络游戏的前世今生
2 网络游戏的类型
3 网络游戏的传播优势

网络游戏即网游是电子游戏的一种。在互联网技术产生之前,电子游戏都可以归类为单机游戏。网络游戏具有互动、娱乐、休闲等特性,已经成为目前电子游戏门类中当之无愧的主角。人们正处于网游蓬勃发展的网络游戏时代。

第一节 网络游戏的前世今生

你知道吗？

穿越时空，拯救世界，成为英雄，这些原本在大众看来缥缈无际的幻想终于在电子游戏的世界中得以实现。当我们在享受这些奇妙体验的时候，有没有想过，是谁创造了这种娱乐方式？电子游戏又是如何诞生、发展和演变的呢？

电子游戏，即通过电脑进行的游戏，是电子计算机技术日益发展和计算机应用日益普及所带来的诸多产物之一。[1]

网络游戏是电子游戏的一种，也就是我们通常所说的"在线游戏"，是电子游戏的一种形态和发展趋势，是伴随着互联网技术、计算机技术发展起来的一种新型数字娱乐方式。[2] 网络游戏必须依托互联网来进行，允许多人同时参与，通过人与人之间的互动达到交流、娱乐和休闲的目的。

---

[1] 韩庆年，李艺．网络游戏在网络教育中的角色探讨 [J]. 中国远程教育，2003（15）：73—75.

[2] 艾瑞咨询集团 .2006 年中国网络游戏企业竞争力研究报告 [R]. 2006.

在互联网技术产生之前，电子游戏都可以归类为单机游戏，即“人机对战”游戏，最多是四人对战游戏。随着互联网技术的出现，大型服务器架设后，成千上万的游戏玩家通过服务器进行互动，在线娱乐成为现实，这大大增加了游戏的可玩性以及玩家之间的互动，丰富了电子游戏的内容，拓展了电子游戏的舞台。

在网络游戏时代到来之前，作为电子游戏的一种，电视游戏曾一度风靡，当时人们口中的电子游戏大多指的就是电视游戏。网络游戏具有互动、娱乐、休闲等特性，已经成为目前电子游戏门类中当之无愧的主角。人们正处于网游蓬勃发展的网络游戏时代。

一、电子游戏之最

Tennis for Two——最早的电子游戏

第二次世界大战以后，电子计算机技术得到了突飞猛进的发展，先是晶体管替代了笨重的真空管，后来出现了集成电路和大规模集成电路，电子计算机不断更新换代，软件技术也发展迅速。

1958 年，隶属于美国能源部的布鲁克海文国家实验室负责计算机工程的物理学家威利·希金博特姆博士为了让来参观的游客能够对实验室中的各种科研成果产生更多的兴趣，决定做一个有交互功能的小游戏来吸引游客的注意力，让游客能够在实验室中待得更久一些。这个不经意的小创意，使电子游戏从此登上了历史的舞台。

这个小游戏名为 *Tennis for Two*，是世界上第一款电子游戏。它由一个模拟计算机和一个示波器组成，游戏规则很简单，画面上只有一张简单的网和一个闪烁的网球，游戏中各种数据变量都会影响网球的运动轨迹，玩家通过两个控制箱进行控制。游客的注意力完全被其吸引，有些游客甚至把所有的参观时间都花在了这个游戏上。

Space War——最早的真正意义上有娱乐性的电子游戏

1962 年，当时还在美国麻省理工学院学习的史蒂夫·拉塞尔和他的几位同学一起设计出了一款双人射击游戏——《太空大战》（*Space War*），这是世界上第一款真正意义上的有娱乐性的电子游戏。这款游戏通过阴极射线管显示器来显示画面，模拟了一个包含各种星球的宇宙空间。在这个空间里，引力、加速度、惯性等物理特性一应俱全，玩家可以用导弹击毁对方的太空飞船，但要避免与星球发生碰撞，碰撞到星球或被导弹击中，游戏即结束。

第一台商用电子游戏机

1971 年，美国加利福尼亚的一位电气工程师诺兰·布什纳尔看到了电子游戏行业的前景所在。布什纳尔根据游戏《太空大战》，设计了世界上第一台商用电子游戏机，这也是世界上第一台街机，其中内置有游戏《电脑空间》（*Computer Space*），游戏内容和《太空大战》类似。布什纳尔为了了解它是否能被人们接受，把它摆在一家娱乐场中，可惜当时人们对与宇宙相关的知识知之甚少，因此对这种题材的游戏没什么兴趣，这个庞然大物放在娱乐场中根本无人问津。但是，作为世界上第一台街机，它已经具有现代街机的一些基本特征——投币孔、操作台以及游戏基板。随后，弹珠台以及弹子机系列游戏开始盛行。

雅达利——第一家电子游戏公司

布什纳尔并没有因为《电脑空间》的失败而放弃梦想，他在1972年6月27日注册成立了世界上第一家电子游戏公司——雅达利（Atari）（“雅达利”是日本围棋中的用语，相当于“将军”的意思）。雅达利公司生产的第一款游戏是一个简单的乒乓游戏，被命名为*Pong*。*Pong*刚一诞生，就获得了巨大的成功，雅达利又顺势将*Pong*做成了街机。为了证明它可以成功，布什纳尔故技重施，把这台机器摆在了加利福尼亚的一家酒吧中。没过两天，老板打电话告诉他，那台“电子游戏机”坏了，让他前去修理。布什纳尔火速赶到酒吧，拆开了机壳，意外地发现硬币塞满了投币箱，撑坏了投币器。这件事情激励了布什纳尔，他决定进一步研制生产电子游戏机。

二、电视游戏时代

家用游戏机诞生（1977年）

1977年雅达利公司推出了足以影响一个时代的产品——名为“雅达利2600”的家用游戏机。雅达利所确立的将电视机作为显示器、用线缆连接的手柄作为控制器的标准,成为之后家用机的标准结构模式。之前所谓的家用游戏机大多自带显示器,而手柄也是集成在主机上的,一方面价格一直居高不下,另一方面操作起来也很不方便。雅达利 2600 巧妙地利用了普及率极高的家用电视机,既降低了成本,又得到了很好的视觉效果。除此之外,雅达利 2600 首次将游戏卡从主机中分离出来。这个划时代的设计一改此前游戏机里的游戏都是固化在 ROM(只读存储器)里的模式。在原先的模式下,玩家一旦玩腻了某个游戏,其主机的使用寿命也就终止了。而雅达利 2600 对应的卡带可以不断地翻新,使主机一直具有生命力。自此,电视游戏时代开始到来。

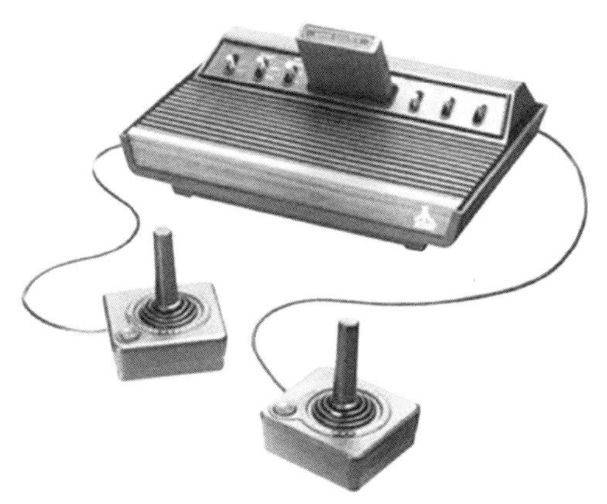

雅达利 2600 游戏机

雅达利 2600 游戏机上市之后,轰动全美,第一年销售额就高达 3.3 亿美元,成为当时圣诞节最抢手的礼物。到 1982 年,其普及度已经达到了美国每 3 户家庭就有 1 台的程度,在全世界更是风靡一时,让游戏厂商尝尽了甜头。在那个属于雅达利的时代,诞生了许多我们耳熟能详的经典作品,其中包括1978年发售的《冒险》《打砖块》,1980年发售的《太空侵略者》,1981年发售的《亚尔的复仇》,1982年发售的《玛雅人的冒险》。日本南梦宫公司的知名游戏《吃豆人》,是雅达利2600游戏机上最卖座的游戏。

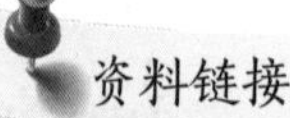

雅达利崩溃:由于各种各样的游戏厂商纷纷效仿,生产了虚有其表、内容雷同的游戏,导致整个美国的绝大部分玩家对游戏产业产生不信任感,消费者们对这些低水平的游戏愤怒不已,销售商也拒绝销售,游戏厂商纷纷破产,无数从业人员失业,整个美国游戏市场濒临崩溃,这就是游戏史上著名的"雅达利崩溃(Atari Shock)"现象。布什纳尔创立的雅达利公司因此破产易主,充满传奇色彩的雅达利公司逐渐消失在人们的视野之中。

红白机(1983年)

以美国电子游戏业为首的西方电子游戏业悄然兴起之时,在遥远的东方,日本的电子游戏业也迅速崛起。商业嗅觉敏锐的任天堂总裁山内溥在得知美国雅达利2600游戏机所取得的巨大成功后,开始投入全部的力量对这一新兴的领域进行研发。最终,一台拉开近代游戏行业帷幕的游戏机在1983年7月15日诞生。这台游戏机奠定了任天堂在游戏领域中不可替代的位置,也正是这台游戏机，让《超级马里奥兄弟》《勇者斗恶龙》《魂斗罗》《赤色要塞》《最终幻想》《塞尔达传说》等经典游戏走进了我们的生活，它就是 FC（Famicom 的简写，Famicom 是 Family Computer 的简写）。由于机身上只有红色和白色两种颜色，所以人们又称它为“红白机”。

资料链接

《超级马里奥兄弟》由《马里奥兄弟》改进而来，于 1985 年 9 月 13 日发售，凭借其极为优秀的操作性和无与伦比的游戏性，成为家用游戏机上首部真正意义上的超级大作游戏，其巨大的成功堪称空前绝后。《超级马里奥兄弟》为电视游戏文化的普及发展做出了巨大的贡献。《魂斗罗》最初于 1987 年诞生在街机上，之后移植到了红白机上。《魂斗罗》对动作射击类游戏的影响是不可估量的，而“上上下下左右左右 BABA”这一经典秘籍，至今还令人记忆犹新。《赤色要塞》是 1988 年在红白机上推出的又一款经典游戏，玩家需要在游戏中操作一辆吉普车与敌人作战，20 世纪 90 年代曾在国内风靡一时。今天大名鼎鼎的游戏《最终幻想》也是在红白机上生根发芽的。《最终幻想》一共在红白机上推出了三作，每一作都有颠覆性的改变，尤其是《最终幻想 3》，是这台 8 位机上最强的 RPG（角色扮演游戏）。

1983 年发售的继承了雅达利 2600 所有优点的红白机，立刻掀起了一股新风潮，而与红白机同时发售的游戏也成功地推进了游戏主机的普及。同年发售的大作有《大金刚》，这一游戏移植自 1981 年大获成功的同名街机游戏，众所周知的明星马里奥的首次登场就是在《大金刚》中。当时的马里奥只是个“会跳的小人”，并没有太大的名气。而在另外一款游戏《大金刚 JR.》中，玩家要控制的是大金刚的儿子 —— 大金刚 JR.，但该作中坏蛋变成了马里奥。游戏一共有四关，面对手持锤子的马里奥，玩家可以控制人物在藤蔓间来回穿行躲避并投掷水果来进行攻击。除了这几款大作之外，还有《大力水手》《五目棋》《麻雀》等一共 9 款游戏在同年发售，各个年龄段的玩家都能在其中找到自己喜爱的游戏。在这些质量极高的游戏的推动下，红白机连续两个月严重缺货，大量玩家因买不到红白机而扼腕叹息。2003 年 7 月，红白机

红白机

发售 20 周年之际，任天堂宣布其正式停产。截至此时，红白机在全世界已累计销售 6000 万台以上。2007 年 11 月，任天堂宣布不再维修已有 24 年历史的红白机，红白机时代正式终结。

红白机是第一种在中国大规模流行的游戏机，20 世纪七八十年代出生的人对它应该不陌生。从 1984 年开始，红白机的兼容机型大量涌入我国，成为这代人童年最美好的回忆之一。其中，

资料链接

任天堂的前身是日本京都的一个家族企业，以生产花札和扑克牌为主业。山内溥 1949 年从祖父山内积良手中接管任天堂之后，凭借其天才的商业头脑，仅仅用了六年时间，就使任天堂成为业界的龙头老大。1959 年，任天堂与迪士尼合作，印有迪士尼卡通形象的纸牌在一年内销售了 60 万张，这次的成功给任天堂未来的发展埋下了伏笔。1962 年，任天堂以扑克牌制造商的身份在大阪证券市场二板上市，优秀的财务报表使其股价一路飙升到 900 日元，此后任天堂开始接连尝试开拓出租汽车、酒店和速食面等新事业，均遭遇挫折。虽然这几次转型没有什么收获，但山内溥仍旧没有放弃。任天堂在 20 世纪 60 年代中后期开始着手于各类玩具的研发工作，接连发明了“超级怪手”“超级棒球”“超级潜水镜”等玩具。这些玩具的热销使任天堂在娱乐行业渐露头角，而之后发布的红白机使得任天堂一跃成为电子游戏业巨头。

小霸王公司所推出的小霸王学习机，对于中国人来说堪称时代记忆，它的诞生之年甚至可算是中国电子游戏产业的元年。

PC-E 游戏机（1987 年）

1987 年 10 月 30 日诞生的 PC-E 打破了红白机的绝对统治地位。PC-E 可以说是最强的 8 位游戏机，它拥有一颗 16 位的专用图形芯片，在画面表现上非常出色。对玩家来说，这台游戏机最大的吸引力，是在上市后第二年推出的 CD-ROM 系统，PC-E 也成为世界上第一台搭载 CD-ROM 系统的游戏机。凭借华丽的画面、震撼的音效以及出色的软件支持，PC-E 获得了相当大的一部分市场，对红白机造成了冲击，红白机的销量从辉煌的顶峰开始缓慢下滑。

黑卡机（1988 年）

1988 年 10 月 29 日，日本世嘉公司推出了自己新一代的游戏机 MD，因为是世嘉的第五款游戏机，因此又称世嘉五代机。MD 是世界上第一台真正的 16 位游戏机，在性能上超越了红白机。MD 在当时的日本市场并没有获得足够的关注，却获得了美国市场的认可。世嘉公司将自己旗下著名的街机游戏相继移植到 MD 上，当玩家看到这部主机完全可以带给他们街机般体验的时候，便开始逐渐放弃红白机。1991 年发售的《音速小子索尼克》在全球一炮而红，索尼克也成为世嘉公司的吉祥物。MD 在国内被称为“黑卡机”，这是因为与它配套的游戏卡带是黑色的。这台游戏机带给国内老玩家无数回忆，更培养起了一大批世嘉粉丝。MD

上有诸多经典游戏，包括《索尼克》系列、《梦幻之星》系列、《梦幻模拟战》系列以及《幽游白书》《火枪英雄》《光明力量 2》《光之继承者》等。MD 最终在全球卖出 3500 多万台，一度有将红白机逐出市场的趋势。

Game Boy（1989 年）

PC-E 和黑卡机自诞生后便大受欢迎，抢占了任天堂红白机大量的市场份额，让任天堂总裁山内溥甚为担忧。为了打破这种单一化结构，开拓新市场，也为了能够在新的领域弥补家用游戏机市场的损失，任天堂另辟蹊径，研制起掌上游戏机，并于 1989 年推出了掌机 Game Boy。这台掌机的设计核心是方便人们能够在任何地点进行游戏，而且采用的游戏载体是卡带。任天堂很好地抓住了“便携”这个特征，轻松占领了掌机市场，自此任天堂公司开辟了自己在游戏产业的第二支柱——掌机。

超级红白机（1990 年）

1990 年 11 月发售的超级红白机（Super Famicom，简称 SFC），是拥有四颗图形处理器的 16 位游戏机，具有强大的图像音乐表现力。依靠任天堂强大的游戏阵容，SFC 迅速继承了之前红白机在日本的市场。首发游戏《超级马里奥世界》的销售数量几乎和超级红白机主机的销售数量相同，相当于几乎每一位日本超级红白机用户都买了《超级马里奥世界》这款游戏。1991 年，超级红白机以“归来的马里奥”为宣传口号在美国发售，《超级马里奥世界》又带动了超级红白机在北美地区的销量。在此之后，《最终幻想4》的发售，极大地推动了超级红白机的普及，借助超级红白机丰富多彩的画面呈现和收缩旋转的功能，《最终幻想4》大放异彩。在这之后发售的游戏《塞尔达传说：众神的三角力量》《超级马里奥赛车》也获得了空前的成功。

在《超级马里奥赛车》中，《马里奥》系列中的各种人物开着卡丁车满世界乱跑，还可以用各种道具扰乱对手或者为自己加速，趣味性非常强。超级红白机上的超级大作层出不穷，《勇者斗恶龙》系列、《皇家骑士团》系列、《火焰纹章》系列、《洛克人X》系列、《大金刚》系列、《超时空之轮》等各种游戏连续推出，轻松俘获了大批玩家的心。

土星和PS（1994年）

世嘉公司的土星和索尼公司的PS（Play Station的简称）都于1994年发售。土星凭借世嘉公司在游戏领域的丰富经验以及备受追捧的游戏《VR战士》的护航，获得了大量的粉丝。PS凭借其价格优势也吸引了大批玩家。《VR战士2》《樱花大战》等是土星游戏机上游戏的代表作，其中，《Fami通》还给予了土星版《VR战士2》39分的超高评价。《铁拳2》《最终幻想7》《放浪冒险谭》《合金装备》《生化危机》等是PS游戏机上游戏的代表作。《放浪冒险谭》堪称艺术极品，画面精美，情节感人至深，打动了一大批玩家，是《Fami通》给予满分的一款游戏。1995年5月7日，土星和PS的销量都超过100万台。到了1997年1月，PS全球出货量超过土星，突破了1000万台。

N64（1996年）

1996年6月23日，任天堂的N64（Nintendo 64，简称N64）发售。N64虽然说销量并不是特别高，但是其上却诞生了无数个足以用“伟大”来形容的游戏。耗资4400万美元的《超级马里奥64》是N64上的第一款游戏，也是第一款3D化的马里奥游戏，马里奥在完全3D的世界里纵横自在地奔跑、飞行、游泳，动作的流畅性和逼真程度令人瞠目结舌，其对存在感的强调是过去所有类似作品都无法比拟的。最终《超级马里奥64》累积销量超过1100万份。在销量并不突出的N64上的游戏有此等成绩，足以证明这款游戏的出色。

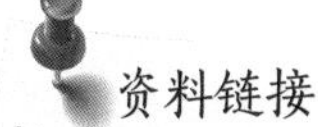

资料链接

《Fami通》，又称“电玩通”“法米通”，是日本最受尊敬的电子游戏新闻杂志。《Fami通》因对电子游戏非常严格的评分而闻名全球。一般由四位《Fami通》电子游戏评论家针对游戏进行评分，每人给出1—10分中的一个分数(10分最高)，然后将四个分数相加，最高可得到40分。《Fami通》的评论家长期以来被认为过分严格和强硬，因此一款游戏的评分若能在35分以上，基本上就可以称得上是很经典的游戏了。

首次3D化的《塞尔达传说》系列的新作《时之笛》以引人入胜的情节和细致的画面呈现而备受玩家青睐。新作不但保留了以往系列中解谜的要素，更成功地将3D环境融入其中，其完成度之高令业内惊叹不已。《Fami 通》破天荒地给予了《时之笛》40 分满分的评价。在欧美地区，IGN 等媒体也给予了《时之笛》满分的评价。一贯苛刻的评论员竟然异口同声地对《时之笛》不吝溢美之词，这样的情况堪称空前绝后。《塞尔达传说：时之笛》至今仍被普遍认为是史上最佳游戏。

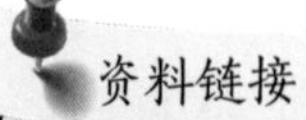

IGN（Imagine Games Network）是一家多媒体和评论网站，作为世界上顶尖的游戏媒体，它具备一套专业且完整的游戏评分系统。IGN 的权威性和专业性在行业内是数一数二的，IGN 编辑会撰写游戏评论，之后给予一个以 0.1 单位加减、范围在 0 至 10 的分数，以决定游戏的可玩性。分数取决于不同因素，如表现力、画面、音效、玩法、吸引力，但总分不是由这些数值相加而得的，而是独立给出的。

《007 黄金眼》根据同名电影改编，是一款第一人称射击类游戏。《007 黄金眼》针对游戏机手柄的特性进行了优化，凭借流畅的操作和多人协作创新的玩法，得到了欧美玩家的追捧，引发了长达两年多的流行热潮，仅美国的累计销量就突破了 500 万份。

《任天堂明星大乱斗》是一款多人休闲格斗游戏，游戏最多支持四人同时组队对战，除了传统的表示生命值的血槽以外，游戏中还有一项特别的参数——“伤害值”。若对手的伤害值达到

100% 时,玩家使用必杀技时会伴随着特写,将对手远远地轰出场外,爽快感极高。

除上述几款游戏之外,大家熟悉的《星际争霸》《恶魔城》《机器人大战》《皇家骑士团》等也都在 N64 平台上推出了作品并受到好评。

PS2 和 Xbox

2000 年 3 月 4 日, PS2 发售。发售后三天内, PS2 的总销量达到了 98 万台,成为有史以来销售速度最快的电视游戏主机。PS2 在日本地区的首发出货量为 115 万台,超过了当年的 PS 主机。2001 年 11 月 15 日,微软发布了 Xbox 游戏主机,开创了游戏机联网的先河。Xbox 凭借 299 美元的低廉售价和 Xbox Live 在线服务稳稳地坐上了当年销售量第二的宝座,仅次于 PS2。

Xbox 360、PS3 和 Wii

2005 年 11 月 22 日,微软的 Xbox 360 游戏机发售,从第一代 Xbox 就有的 Xbox Live 在线服务是 Xbox 360 的最大卖点。在 Xbox 360 上,玩家除了可以用游戏机连上互联网与其他玩家进行在线对战外,还可以从在线卖场下载游戏的试玩版以及自己喜欢的电影或电视剧。这使得 Xbox 360 比第一代 Xbox 更受玩家的欢迎。

2006 年 11 月 11 日,索尼公司推出了 PS3 游戏机。一开始 PS3 气势如虹,日本首批发售的 10 万台以及北美发售的 40 万台立刻被抢购一空。由于 PS3 成本非常高昂,功能虽然堪称是所有

Xbox 360

主机中最丰富的,但售价也是同时代游戏机中最高的。

2006 年 11 月 19 日,任天堂公司推出了 Wii 游戏机,引发了比 PS3 推出时更热烈且更长久的抢购热潮。Wii 最大的优势在于它独特的动作感应控制器 Wii Remote。Wii 能识别出使用 Wii Remote 的玩家所做出的动作,因而创造了一种全新的游戏方式,这种全新的体感操作模式使得很多非传统玩家(女性和中老年人)都开始玩游戏机。同时相比 Xbox 360 和 PS3, Wii 成本最低,价格也更有优势,这让任天堂开创了全新的市场,Wii 也成为当时销量最佳的游戏机。

具代表性的电视游戏主机一览

时间	主机名称	备注
1977年	雅达利2600	家用游戏机诞生 代表性游戏： 《冒险》 《打砖块》 《太空侵略者》 《亚尔的复仇》 《玛雅人的冒险》 《吃豆人》
1983年	红白机	确立了任天堂公司在游戏领域中不可替代的地位 代表性游戏： 《大金刚》 《超级马里奥兄弟》 《最终幻想》 《勇者斗恶龙》 《魂斗罗》 《塞尔达传说》 《大力水手》 《五目棋》 《麻雀》
1987年	PC-E	第一台搭载CD-ROM系统的游戏机
1988年	黑卡机	第一台真正的16位游戏机 代表性游戏： 《音速小子索尼克》 《梦幻之星》系列 《梦幻模拟战》系列 《幽游白书》 《火枪英雄》 《光明力量2》 《光之继承者》

续表

时间	主机名称	备注
1989 年	Game Boy	掌机出现
1990 年	超级红白机	代表性游戏: 《超级马里奥世界》 《最终幻想 4》 《塞尔达传说:众神的三角力量》 《超级马里奥赛车》 《勇者斗恶龙》系列 《大金刚》系列 《洛克人 X》系列
1994 年	土星	代表性游戏: 《VR 战士 2》 《樱花大战》
	PS	代表性游戏: 《铁拳 2》 《最终幻想 7》 《放浪冒险谭》 《合金装备》 《生化危机》
1996 年	N64	代表性游戏: 《超级马里奥 64》 《塞尔达传说:时之笛》 《007 黄金眼》 《任天堂明星大乱斗》 《星际争霸》 《恶魔城》 《机器人大战》 《皇家骑士团》

续表

时间	主机名称	备注
2000 年	PS2	发售后三天内总销量达 98 万台，成为有史以来销售速度最快的电视游戏主机
2001 年	Xbox	开创在线联网对战的先河
2005 年	Xbox 360	开创在线商店
2006 年	PS3	功能丰富
	Wii	全新的体感操作模式

三、网络游戏时代

在电视游戏飞速发展的同时，网络游戏也悄悄地发展起来。虽然网络游戏和电视游戏诞生的时间差不多，但是由于当时电视的普及率远远高于电脑，所以在很长一段时间内，电视游戏一直占据着领先地位。网络游戏在 20 世纪 90 年代后开始高速发展。

（一）1969 年至 1977 年

《太空大战》（*Space War*）—— 最早的网络游戏

1969 年是 ARPANET（Advance Research Projects Agency Network）诞生的年份。ARPANET 是美国国防部高级研究计划署研制的世界上首个分组交换网络，它的诞生直接促成了互联网以及传输控制协议（即 TCP/IP）的诞生，也为网络游戏的诞生和发展奠定了基础。

1969年，瑞克·布罗米为PLATO（Programmed Logic for Automatic Teaching Operations）系统编写的一款名为“太空大战”的游戏，是世界上第一款真正意义上的网络游戏。游戏以1962年诞生于麻省理工学院的电子游戏《太空大战》为蓝本，不同之处在于，它支持两人远程连线。

资料链接

PLATO是历史最为悠久也是最著名的一套远程教学系统，由美国伊利诺伊大学开发于20世纪60年代末，其主要功能是为不同教育程度的学生提供高质量的远程教育。它具有庞大的课程程序库，可同时开设数百门课，记录下每一位学生的学习进度。PLATO还是第一套分时共享系统，运行于一台大型主机而非微型计算机上，因此具有更强的处理能力和存储能力，这使得它所能支持的同时在线人数大大增加。1972年，PLATO的同时在线人数已超过1000名。

PLATO平台上出现了各种不同类型的游戏，其中一小部分是供学生自娱自乐的单机游戏，而最为流行的则是可在多台远程终端机之间进行的联机游戏，这些联机游戏就是网络游戏的雏形。尽管游戏只是PLATO的附属功能，但共享内存区、标准化终端、高端图像处理能力、迅速的反应能力等特点令PLATO能够出色地支持网络游戏的运行，因此在随后的几年内，PLATO成了早期网络游戏的温床。

由于当时计算机的硬件和软件尚无统一的技术标准，因此第一代网络游戏的平台、操作系统和语言不尽相同。它们大多为试验品，运行在高等院校的大型主机上，如美国的麻省理工学院、弗吉尼亚大学，以及英国的埃塞克斯大学。其主要特征有两个：一是具有非持续性，机器重启后游戏的相关信息会丢失，因此无法模拟一个持续发展的世界；二是游戏只能在同一服务器/终端机系统内部执行，无法跨系统运行。

（二）1978年至1995年

MUD1——第一款真正意义上的实时多人交互网络游戏

世界上第一款网络游戏《太空大战》诞生后的第九年即1978年，英国埃塞克斯大学的罗伊·特鲁布肖用DEC-10编写了世界上第一款MUD游戏——*MUD1*，这是一个纯文字的多人世界，拥有20个相互连接的房间和10条指令，用户登录后可以通过数据库进行人机交互，或通过聊天系统与其他玩家交流。*MUD1*是第一款真正意义上的实时多人交互网络游戏，游戏中，整个虚拟世界是持续发展的。尽管这套系统每天都会重启若干次，但重启后游戏中的场景、怪物和谜题保持不变，这使得玩家所扮演的角色可以获得持续的发展。*MUD1*的另一重要特征是，它可以在全世界任何一台PDP-10计算机上运行，而不局限于埃塞克斯大学的内部系统。

《凯斯迈之岛》《阿拉达特》和GEnie

1982年，网络游戏《凯斯迈之岛》诞生。这款游戏于1984年开始正式收费，标准为每小时 12 美元。

1984 年，马克·雅克布斯组建 AUSI 公司，并推出网络游戏《阿拉达特》。雅克布斯在自己家里搭建了一个服务器平台，安装了 8 条电话线以运行这款游戏，游戏的收费标准为每月 40 美元。这是网络游戏史上第一款采用包月制计费方式的游戏。包月制的计费方式有利于加速网络游戏平民化的进程，对网络游戏的普及起到了重要的作用。遗憾的是，包月制的计费方式在当时并未引起人们过多的关注。

1985 年 10 月，通用电气公司（General Electric，简称 GE）启动了一个商业化的、基于 ASCII 文本的网络服务平台，被称为 GEnie（General Electric Network for Information Exchange），其在晚上的价格约为每小时 6 美元，是《凯斯迈之岛》的一半。

这时的网络游戏出现了“可持续”的概念，玩家所扮演的角色可以成年累月地在同一世界内不断发展，而不像 PLATO 上的游戏里那样，只能在其中扮演一个匆匆过客。同时游戏可以跨系统运行，只要玩家拥有电脑和调制解调器，且兼容，就能连入当时的任何一款网络游戏。

网络游戏市场的迅速膨胀也刺激了网络服务业的发展，网络游戏开始进入收费时代，许多消费者都愿意支付费用来玩网络游戏。尽管出现了包月制的计费方式，但此时网络游戏的主流计费方式还是按小时计费。

(三)1996年至2006年

1996年秋,《子午线59》发布。可惜其发行商在决策过程中出现了重大失误,在游戏的定价问题上举棋不定,面对《网络创世纪》这样强大的竞争对手,先机尽失,“第一网络游戏”的头衔终被《网络创世纪》夺走。《网络创世纪》于1997年正式推出,用户人数很快突破10万大关。

《子午线59》和《网络创世纪》均采用了包月制的计费方式,而此前的网络游戏绝大多数是按小时或分钟计费(收费前通常会有一段时间的免费试用期)。采用包月制的计费方式后,游戏运营商的首要经营目标已不再是如何让玩家在游戏里付出更多的时间,而是如何保持并扩大游戏的用户群。

《网络创世纪》的成功加速了网络游戏产业链的形成,随着互联网的普及以及越来越多专业游戏公司的介入,网络游戏的市场规模迅速膨胀起来,产生了一批成功的网络游戏。

2000年7月上市的《万王之王》作为我国第一款真正意义上的中文图形网络游戏,开启了中国网游市场的大门。2000年7月,《大众网络报》创刊,这是我国第一家开设独立网络游戏版块的IT报纸。2000年9月,智冠公司制作的《网络三国》正式发行。随后,由北京华义代理的《石器时代》于2001年1月正式上市。由亚联游戏代理的《千年》紧跟着于2001年2月开始测试,并于4月开始正式收费。

2004年发行的《魔兽世界》(*World of Warcraft*),是一部网

资料链接

《魔兽世界》的背景可以追溯到1994年发行的《魔兽争霸》，在2003年《魔兽争霸 III：冰封王座》发售之后，暴雪公司正式宣布了《魔兽世界》的开发计划（之前已经秘密开发了数年之久）。《魔兽世界》于2004年年中在北美公开测试，2004年11月开始在美国等地发行，发行的第一天就受到广大玩家的大力支持。《魔兽世界》推出三年后，全球注册用户数量超过800万，其中北美200万，欧洲150万，中国350万。截至2008年1月，《魔兽世界》全球注册用户已经突破1000万。

络游戏杰作，由著名的游戏公司暴雪（Blizzard Entertainment）制作，属于大型多人在线角色扮演游戏。本游戏以该公司出品的即时战略游戏《魔兽争霸》的剧情为背景，玩家要把自己当作魔兽世界中的一员，在这个广阔的世界里探索、冒险、完成任务。作为大型多人游戏，《魔兽世界》为成千上万的玩家提供了展示的舞台——玩家在其中探索未知的世界、征服怪物，经历一次次全新的历险。《魔兽世界》的内容设定使该游戏摆脱了累月练级给玩家带来的枯燥感，玩家能在游戏中不断地接受新的挑战。

这个时候的网络游戏越来越火爆，越来越多的专业游戏开发商和发行商介入网络游戏领域，一个规模庞大、分工明确的产业生态环境最终形成。人们开始认真思考网络游戏的设计和经营方法,希望归纳出一套系统的理论。“大型网络游戏”的概念浮出水面,网络游戏不再依托于单一的服务商和服务平台而存在,而是直接接入互联网,在全球范围内形成了一个大一统的市场。与此同时,包月制被广泛接受,成为主流的计费方式。

(四)2006年至今

大型网络游戏接连出现,《穿越火线》《英雄联盟》《剑灵》《炉石传说》《守望先锋》等网络游戏占据了网络游戏的主要市场。而此时,随着Web技术的发展,网页游戏开始出现。网页游戏即不用客户端也能玩的游戏,也叫“无端网游”,依靠Web技术支持在线多人游戏,受到许多白领的追捧。而自2008年App Store上线后,移动端游戏开始大受人们的青睐。特别是3G、4G网络出现后,移动端网络游戏更是占领了网络游戏的大片江山,《精灵宝可梦》等手机游戏大受欢迎。

从2007年开始,我国也陆续有许多较大规模的网页游戏开始运营,网页游戏作为网络游戏的一个分支已经逐渐形成规模。其间诞生了《纵横天下》《三国风云》《梦幻之城》《九阴绝学》《传奇霸业》等一批优秀的网页游戏。随着3G、4G、Wi-Fi网络在我国的普及,移动端网络游戏更是占领了网络游戏的大片江山。《贪吃蛇大作战》《剑侠奇缘》《王者荣耀》《阴阳师》等手机网游受到极大欢迎。截至2015年12月,我国网民中网络游戏用户达到3.91亿,占整体网民的56.9%,其中手机网络游戏用户为2.79亿,较2014年年底增长了3105万,占手机网民总数的45.1%,我国手机游戏发展前景大好。[1]

具有代表性的网络游戏一览

<table>
<tr><th>时间</th><th>游戏名称</th><th>备注</th><th>特点</th></tr>
<tr><td>1969 年</td><td>《太空大战》</td><td>第一款真正意义上的网络游戏</td><td>不可储存游戏信息，不可跨系统运行</td></tr>
<tr><td>1978 年</td><td>MUD1</td><td>第一款 MUD 游戏</td><td rowspan="2">可储存游戏信息，可跨系统运行，网络游戏进入收费时代</td></tr>
<tr><td>1982 年</td><td>《凯斯迈之岛》</td><td>出现收费模式</td></tr>
<tr><td>1996 年</td><td>《子午线 59》</td><td>包月计费模式</td><td rowspan="4">规模庞大、分工明确的游戏产业生态环境形成，“大型网络游戏”概念出现，网游不再依托单一的服务商和服务平台而存在，而是直接接入互联网，在全球范围内形成了一个大一统的市场</td></tr>
<tr><td>1997 年</td><td>《网络创世纪》</td><td>其成功加速了网络游戏产业链的形成</td></tr>
<tr><td>1999 年</td><td>《石器时代》</td><td>2001 年登陆中国</td></tr>
<tr><td>2000 年</td><td>《万王之王》</td><td>我国第一款真正意义上的中文图形网络游戏</td></tr>
<tr><td rowspan="2">2001 年</td><td>《千年》</td><td>我国第一款纯武侠网游</td><td rowspan="3"></td></tr>
<tr><td>《热血传奇》</td><td>盛大出品</td></tr>
<tr><td>2004 年</td><td>《魔兽世界》</td><td>2005 年登陆中国</td></tr>
</table>

[1] 中国互联网络信息中心 . 2015 年中国青少年上网行为研究报告 [R]. 2016.

续表

时间	游戏名称	备注	特点
2007 年	《穿越火线》		客户端网络游戏、网页游戏、手机网游并驾齐驱，技术更先进，游戏画面更精致，游戏产业欣欣向荣
2008 年	《三国风云》		
2009 年	《英雄联盟》	2011 年登陆中国	
2013 年	《剑灵》		
2014 年	《传奇霸业》		
	《炉石传说》		
2015 年	《王者荣耀》		
2016 年	《九阴绝学》		
	《守望先锋》		
	《阴阳师》		

第二节　网络游戏的类型

你知道吗？

网络游戏有许多种类型。按照游戏运行方式来区分，可以分为单机版移植式、客户端式、网页游戏、手机游戏四种；按照游戏内容架构来区分，又可分为角色扮演游戏、即时战略游戏、多人在线战术竞技游戏、射击动作游戏、体育竞技游戏、竞速游戏、音乐游戏等类型。目前人们玩得最多的，应该是手机游戏了。手机游戏玩家只需要通过一部联网的智能手机就可以参与游戏。手机游戏近年来异军突起，潜在用户群庞大，具有移动便携性、游戏方式多元性和社会交互性等特点。

网络游戏一般可从游戏运行方式和游戏内容架构两个角度进行分类。

一、按游戏运行方式分类

按照游戏运行方式，可以将网络游戏分为单机版移植式、客户端式、网页游戏、手机游戏四个种类。

单机版移植式网络游戏

单机版移植式网络游戏指的是在单机版游戏中增加了 TCP/IP 协议或者局域网协议，使游戏能够联网，玩家可以在线对战的单机游戏。例如《反恐精英》《NBA2K》系列等就属于单机版移植式网游，可以在互联网、局域网中进行联机对战。其最大的缺点就是游戏的整体内容或风格已经定型，官方很少定期对其进行升级。

客户端式网络游戏

在客户端式网络游戏中，玩家在参与游戏之前，必须首先下载该款游戏的客户端，并注册成为用户，服务器制定游戏的规则、控制游戏的进程、存储玩家的信息，玩家只能在客户端中进行游戏。网络游戏运营商会根据需要定期地对游戏进行维护或版本升级。如《魔兽争霸》《英雄联盟》等就属于客户端式网络游戏。

网页游戏

网页游戏的最大特点就是玩家玩游戏时不需要安装客户端，只要用浏览器进入相应的网址，注册成为用户即可。《九阴绝学》《传奇霸业》《剑雨江湖》是这类游戏的典型。

手机游戏

手机游戏近年来异军突起，潜在用户群庞大，玩家只需要一部能联网的智能手机就可以参与，移动便携性、游戏方式多元性和社会交互性等特点使手机游戏成为一种普遍的娱乐方式。

移动便携性

当今社会，人们的生活节奏越来越快，人们在电视、电脑前娱乐的固定时间越来越少，许多人喜欢利用自己的零碎时间（比如在公交车上、地铁上或无聊的时候）用手机玩游戏、看新闻、刷微博，这无形中刺激了各种移动终端的发展。在手机中植入游戏系统或者安装游戏软件是手机终端发展的一大变革。

游戏方式多元性

智能手机出现之前的手机游戏，其游戏方式大多局限于按键，移动范围也局限于上下左右。如今的智能手机所具有的多点触控、重力感应、传感感应、声音分贝控制等功能让手机游戏更具有动感和交互感。

社会交互性

具有丰富的社交性的游戏尤其受到玩家的喜爱。不注重社交性，只注重游戏的先进技术或视觉风格设计的游戏，无论采用的技术有多先进、视觉风格设计有多精彩，只要掌握了它的根本规律或者通过了它的所有关卡，玩家很快就会对该款游戏失去兴趣。反之，如果突出玩家与玩家之间的竞争或者协作，就可以大大加强游戏结果的不确定性和游戏的可玩性。比如《阴阳师》中的阴阳寮功能和组队功能、《王者荣耀》中的开黑功能等等。有的游戏软件开发商还利用手机的定位功能，通过玩家所在的地理位置来设计游戏，这更增加了游戏的交互性，比如《精灵宝可梦

GO》等。

2016 年，我国移动游戏市场规模约 1022 亿，同比增长 82%，在我国游戏市场中占 56% 的份额，并有继续扩大的趋势，大大超过了全球移动游戏在全球游戏市场中的占比（37%）。[1] 手机游戏在我国正在经历一个黄金发展时期。随着游戏制作人员专业技术水平的提高、游戏开发商对市场的密切关注、运营商营利模式的逐渐稳定、政府对游戏行业监管和引导机制的逐步健全与完善，手机游戏产业已经成为我国经济一个新的重要增长点。

二、按游戏内容架构分类

按照游戏内容架构的不同，网络游戏可分为角色扮演游戏、即时战略游戏、多人在线战术竞技游戏、射击动作游戏、体育竞技游戏、竞速游戏、音乐游戏等类型。

角色扮演游戏（RPG）

即由玩家扮演游戏中的一个或数个角色，有完整的故事情节的游戏，强调剧情发展和个人体验。RPG 是 Role-Playing Game 的简称。一般来说，RPG 可分为日式和美式两种，主要区别在于文化背景和战斗方式。日式 RPG 多采用回合制或半即时制的战

[1] 艾瑞咨询集团 . 2017 年中国网络游戏行业研究报告 [R]. 2017.

斗方式,如《最终幻想》系列,大多国产中文 RPG 也可归为日式 RPG 之列,如大家熟悉的《仙剑》《剑侠》等;美式 RPG 的代表作品有《暗黑破坏神》系列。

即时战略游戏(RTS)

RTS 是 Real-Time Strategy 的简称。此类游戏中比较经典的作品应数暴雪公司出品的《星际争霸》了。此类游戏的特点是除了讲究个人的技术之外,需要玩家有较高的战略战术,要有自己独特的打法。玩家在有限的资源和时间内要尽快建筑工事、发展科技、制造部队,并对不同的兵种进行组合,以达到战胜对手的目的。

多人在线战术竞技游戏(MOBA)

MOBA 是 Multiplayer Online Battle Arena 的缩写,是即时战略游戏的一个子类。相比传统的 RTS, MOBA 更偏向于休闲和娱乐,对玩家的操作要求远远低于 RTS,难度比 RTS 小很多,再加上大多数的 MOBA 都是免费的,因此吸引了一大批难以适应 RTS 难度的玩家。近几年来, MOBA 占据了网络游戏的大部分市场,逐渐从 RTS 中分离出来,作为一种单独的游戏类型而存在。在这类游戏中,战斗时一般需要购买装备,玩家通常被分为两队,两队在分散的游戏地图中互相竞争,每个玩家都通过一个 RTS 风格的界面控制所选的角色。但不同于《星际争霸》等传统的 RTS,这类游戏中通常没有 RTS 中常见的建筑群、资源、训练兵种等任务,玩家只控制自己所选的角色。代表作有《魔兽争霸》《英雄联盟》

《王者荣耀》等。

射击动作游戏

典型代表作是这几年一直很流行的《反恐精英》《守望先锋》等。与前几类游戏相比较，这类游戏带给玩家的感受更刺激、更直观，视觉效果更华丽，再加上震撼的音效，让玩家觉得自己好像真的拿着AK47在小道里面与敌人进行巷战一般。这类游戏要求玩家有较快的反应能力，能对突发事件进行最快速的处理，还要求有战队内的协作能力。但这类游戏的情节性较差，动作单调重复。

《王者荣耀》是由腾讯游戏开发并运营的一款运行在Android、iOS平台上的手游，于2015年11月26日在Android、iOS平台上正式公测，游戏的曾用名有《英雄战迹》《王者联盟》。游戏以竞技对战为主，在玩家之间进行1V1、3V3、5V5等多种方式的PVP对战，玩家还可以参加游戏的冒险模式和闯关模式，在满足条件后可以参加游戏的年度排位赛。

体育竞技游戏

体育竞技游戏是指模拟各类竞技体育运动场景的游戏，这类游戏花样繁多，真实度高，因此广受欢迎。比如《FIFA》系列、《NBA Live》系列、《桌球》等。

竞速游戏

竞速游戏是指模拟各类赛车运动的游戏，通常在比赛场景下进行，非常讲究图像音效技术，惊险刺激，真实感强，深受车迷喜爱，代表作有《赛车OnLine》《QQ飞车》等。目前，竞速游戏的内涵越来越丰富，出现了一些其他模式的竞速游戏，如赛艇、赛马等。

音乐游戏

音乐游戏是指培养玩家的音乐敏感性、增强音乐感知的游戏。伴随着美妙的音乐，有的游戏要求玩家翩翩起舞，有的游戏要求玩家做手指体操。目前的人气网游《劲乐团》《节奏大师》也属其列。

除了上面的这几类游戏，还有模拟经营游戏、冒险解密游戏等，这里不一一列举。随着近几年我国政府对网络游戏重视程度的提高，我国的网络游戏正以迅猛的速度发展着，游戏的种类增加，质量也大幅度提高。

第三节 网络游戏的传播优势

你知道吗？

继诗歌、音乐、舞蹈、美术、建筑、戏剧、电影、电视八大艺术形式之后，电子游戏被人们称为“第九艺术”，是当今最受人们欢迎的休闲娱乐方式之一。电子游戏艺术是指在计算机或计算机网络上实现的，具有交互性、开放性、虚拟现实特征的超媒体艺术形态。与其他八大艺术一样，电子游戏以自己独有的语言，向玩家呈现了另一个虚拟世界的模样。电子游戏的艺术性决定了其向其他艺术形式转化的可能。电子游戏最突出的特点在于鲜活的角色形象、完整的世界观、丰富的剧情内容以及适时推出的话题点。

一、虚拟空间的无穷魅力

网络游戏的虚拟性是网络环境虚拟性的具体表现形式，它把游戏者从现实的、有限的真实世界带进了无限的虚拟世界。游戏者一旦进入游戏，便已经遨游在一个“假真实”的空间里。在这里，玩家可以做自己喜欢的人，按照自己预定的方式熟练地模拟人生；也可以做自己喜欢的事，轻而易举地实现梦想。玩家在超脱、玄妙的未知图景中获得了充分的快感和满足感，尽情地享受着网络虚拟世界的无穷魅力。

无论与现实的差别有多大，网络的虚拟环境始终带有现实社会的一些特征，即网络游戏的虚拟性是对现实世界的拟仿。人情百态、世情千变，虚拟的游戏世界处处都是现实的影子，沉迷于其中的玩家在潜移默化中会产生错觉，以为这就是一个真实的社会，人完全可以在这个社会里按照自己理想的方式生活。这种对现实的拟仿带有魔力，即使玩家比任何人都清楚这本不是他的真实生活，可当他敲击键盘登录账号的那一刻，网络游戏世界的虚拟镜像已经取代了他的真实生活，甚至成了比他的真实生活更加真实的生活。网络游戏以一种“超真实”的方式诠释着“假真实”的世界，玩家在现实中的缺席在游戏中被呈现为在场，在现实中的想象在游戏中被呈现为存在。[1] 很多时候，玩家已经将现实和虚拟完全同化了。

网络游戏构建的初衷是把玩家聚集在虚拟的空间中，把玩家向往的人生带进虚拟的平行社会中，在拟仿中逐渐达到虚拟世界与真实世界的交融。玩家或者团结协作、和谐相处、互利共赢，或者攻城拔寨、敌对杀戮、横眉冷对，在这过程中，玩家的身份也是

[1] 宋钰颖．浅析新媒体时代虚拟社区的传播特性 —— 以网络游戏为例[J]. 新闻传播，2014（16）：91.

虚拟多变的。你可以是你，把你的喜怒哀乐、爱恨情仇完全寄托在游戏的主人公身上；你也可以不是你，你可以任意选择你的姓名、性别、体型、身份、职业、出生地、居住地等。没有人会在意坐在电脑前的玩家的体态容貌，没有人会关注现实中的玩家是如何的亮丽光鲜，也没有人会操心玩家烦琐生活中的五味杂陈，玩家就是虚拟网络世界的一分子和有机组成部分，任何事情都有可能发生。

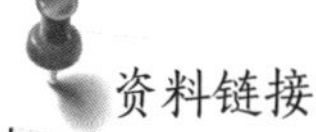

资料链接

美国的乔·克莱比在其著作中描述了如何使用3D视觉、听觉、触觉、嗅觉和味觉通过高速因特网连接创建学习、合作和社交的新天地。这样一来，网络的虚拟性将更多地被其真实性所替代，真实和虚拟将更加难分彼此。

虚拟身份的多变，也意味着玩家在重现自我的过程中隐藏起真实的自己。网络游戏塑造了一个虚幻的世界，但这也是一个梦想的舞台，它最大限度地容纳了玩家的野心和欲望，玩家可以不顾现实中的束缚把自己打扮成一个罪恶的小丑，尝遍破坏世界的刺激；也可以把隐藏在内心的英雄情结付诸实践，孜孜不倦地努力成为自己心目中那个完美的英雄。在这里，有太多的身份供玩家选择：玩家可以是一个疾恶如仇的侠客，行走江湖，行侠仗义；可以是一个万人景仰的君主，开疆辟土，君临天下；也可以是一个笑傲一方的豪强，凶神恶煞，劫富济贫…… 总之，玩家可以顺从自己内心最深处的欲望、野心。玩家在虚拟的游戏世界中尽情释放的同时，也在彰显着最真实的自己。

二、天南地北的神秘玩家

网络游戏虚拟身份的背后，是无尽的包容性。游戏玩家来自五湖四海，形形色色的玩家有着不同的经历、不一样的生活，通过游戏聚集在一起，时而为打破常规而挤破脑袋，时而为完成任务而齐心协力，时而为利益争斗而争锋相对……玩家可以对游戏的设置方式持肯定态度，也可以对游戏的某一环节持否定态度；玩家可以因为一次精彩纷呈的团队作战而欢呼雀跃，也可以因为他人的一次莫名其妙的失误而遗憾不已……在这里，谁都包容着他人，同时也被他人包容着。

资料链接

《单向度的人》一书中，马尔库塞提出并论述了单向度理论，并详细描绘了“单向度人群”，即对社会失去了否定、判断精神和超越能力，只是一味地认同现实的人。工业社会的统治者为控制人们的思想，用一种禁锢的方式使人们失去批判和否定的行为能力，使人们成为“单向度的人”。在游戏的虚拟空间中，人们的判断力和决策力得到了恢复和重建，作为一个崭新的“理想社会”，游戏社会包容着人们对于虚拟空间中一切事物的否定和批判，在这里，人们成为真正的“多向度人群”。

平等和睦是网络游戏正面包容的体现,在“平易近人”式的包容背后,是团队能量的激发和个人潜力的展现:玩家在现实生活中也许从来不会享受到众星捧月的快感,直到有一天队友无私地把玩家捧至巅峰;玩家在现实生活中也许从来没有受命于危难的时候,直到有一天玩家用智慧和策略解救队友于水火之中;玩家在现实生活中也许从来不会有被理解与原谅的感动,直到游戏中因为操作失误导致任务失败时,队友毫无怨言地鼓励玩家从头再来……在这样的氛围中,玩家身上蕴含的能量将会被无限激发:比如现实生活中粗心的玩家会在游戏进程中变得全神贯注并注意统筹兼顾;现实生活中武断的玩家经常在某一时刻闪现出无数灵感并果断地做出最合理的决定;现实生活中懒散的玩家会在游戏重复的操作与实践中意外地找到成功的捷径……玩家在被他人包容的同时也学会了以同样的方式包容他人,这种双向的包容也越来越被玩家视为一种约定俗成的原则,在虚拟的网络世界中潜移默化地发挥着它固有的积极作用。

除了一切正面的包容之外,网络游戏同样也包容着众多的负面内容。游戏的虚拟空间是一种绝对的开放性的空间,不存在思想上的绝对控制,玩家可以将自我完全释放出来:嚣张时候的玩家可以痞气十足,无理时候的玩家可以六亲不认,失意时候的玩家可以唉声叹气……玩家与线上的多名朋友交流互动,重塑着一个与现实社会中完全不同的自己。但这被看作是合理的,游戏中,玩家被赋予了展示自己个性的特殊权利。

当然，这种没有束缚和控制的包容性也让网络游戏世界变得硝烟密布。作为玩家，要充分认清网络世界的负面包容，为净化网络环境做出自己相应的贡献。

资料链接

冉毅嵩在《网络游戏七大特点浅析》一文中指出，24岁以下的人群为网络游戏用户的主要群体，这个群体有以下种种的特点：1.都处于工作和学习的初级阶段。2.没有很高的社会地位，所谓草根阶层就是他们的代名词。基于这几个特点，他们更愿意投身于网络游戏。网络游戏能满足他们的虚荣心，在进行游戏的过程中，他们大多是愉悦和有成就感的。特别值得一提的是，网吧的廉价性也符合以青少年为主的草根阶层之所需。

三、草根阶层的草根文化

草根，意味着平民化、民间化、群众化，“草根阶级”“草根文化”已成为网络普及的热词。纵观身边的网络流行游戏，从最早创造了中国网络游戏神话的《传奇》，到掀起团队作战、动作射击之风的《反恐精英》《穿越火线》，再到火遍大江南北的《魔兽》《英雄联盟》，这些游戏以入门门槛低、操作便捷、全民参与等特点笼络了大量玩家。草根性从此成为网络游戏的显著标志。

网络游戏的草根性有两层含义。一是游戏玩家的草根性。

玩家可以来自不同的社会阶层，有着不同的社会背景，从事不同的职业。游戏对玩家的身份和知识水平没有严格的要求，玩家仅凭一个 ID 就可自由遨游于网络游戏的世界中。二是网络游戏内容的草根性。网络游戏大多来源于传统文化中的历史故事、日常生活中的夸张场景和个人心中的英雄梦情结等，把这些元素经过科技手段的制作和现代艺术的加工，以游戏的形式完美呈现出来，便成了网络游戏草根性的全部。

网络游戏是草根阶层的狂欢，在这里，玩家可以主宰一切。随着生活质量的不断提高和社会公共网络设施（比如网吧）的普及，网络游戏已经不再为少数精英人物所独有和把持，以青少年为代表的草根阶层已经加入了网络游戏大军的队伍，并有迅速扩张的趋势。草根阶层没有很高的社会地位，工作和学习都刚刚起步，心理也没有达到绝对的成熟，叛逆、好奇、冲动、热血、潇洒是他们独有的个性。他们容易在现实生活中迷失自我，一旦产生压抑感和孤独感，便很难找到理想的情感释放地，网络游戏为草根阶层提供了探索未知世界的幸福感和满足感，使他们有机会发现自我的另一面，重新尝试改变生活和塑造自我。在游戏进行的过程中，大多数人是愉悦和有成就感的，不管这是理性的真情流露还是虚荣心的满足释放，总之，草根阶层很容易深陷其中并乐此不疲。虚拟的网络空间成为草根阶层狂欢的聚集地，假如玩家加入了这场狂欢，便可以尽情地在这里玩耍、消遣、娱乐，玩家主宰着游戏的进程，也主宰着游戏中角色的人生。

网络游戏内容的草根性，在一定意义上代表了草根阶层的生活状态和娱乐需求，也有力地促进了“草根文化”的传播。“草根文化”生于民间、长于民间，源于生活、高于生活，它既有高雅的一面，也有庸俗的一面，没有经过主流意识的疏导和规范，也没有经过精英阶层的加工和改造，完全散发着朴实的乡土气息和丰富的生活共识。草根阶层尽情地享受并陶醉于属于自己的生活，对于庸俗、腐朽、无序、落后的成分，则以自我降格、自我矮化的方式进行着隐而不彰的反抗。同时，也在一点点把属于自己的优秀的成分发扬光大，比如统筹兼顾的大局意识、自强不息的争胜意识、团结一致的协作精神以及富有叛逆心的创新精神等。这种“草根文化”的精华在草根阶层全身心投入游戏的过程中被体现得淋漓尽致。俗中有雅，雅俗共鉴，网络游戏与草根文化在某种程度上达到了相融相生的契合。

四、迷幻炫美的理想世界

网络游戏为玩家创造了一个崭新的施展才华、实现梦想的舞台，舞台上的玩家尽情地进行自己的表演，朝夕扮演着自己理想中的角色，做着自己想做的事。这是一种真实的存在，它作为一种向往存在于玩家的脑海里。然而，实际上这是一种虚假的幻觉，因为回到现实中，玩家根本无法获得这样的快感，所以，玩家甘愿抽出工作和学习的时间，在游戏中孜孜不倦地模拟人生，信

游戏世界里有一个美好童话

誓旦旦地成就大业，以寻求一种短暂的幸福与满足感。

网络游戏将玩家带入了理想的世界，玩家就是自己喜欢和向往的那个人。喜欢做将军的玩家，策马扬鞭，豪情万丈，对垒于万军丛中，血染疆场；喜欢做军师的玩家，指挥作战，献计献策，运筹于帷幄之中，决胜于千里之外；喜欢做侠客的玩家，仗剑行侠，游走天下，广传侠义精神，彰显正义之道；喜欢做商人的玩家，白手起家，坐地为商，精打细算经营商品，直至腰缠万贯；喜欢做名士的玩家，闲庭信步，广结挚友，游览名山大川，享受怡然自得的心境。生活中，有些人光明磊落、正气凛然，也有些人为所欲为、我行我素，这一切投射到游戏中，便有伸张正义的勇士、解救苍生的英雄，也有吃里爬外的小丑、见利忘义的叛徒。游戏把玩家从现实带入虚拟中，身临其境的玩家会在某一刻突然发现，虚拟世界与现实世界竟是如此的贴近和相似。

游戏中，玩家还能够完成他在现实生活中想做而又做不到的事。假如玩家喜欢冒险，富于冒险精神的角色扮演游戏可将玩家带入武林江湖中，玩家将完成各种各样紧张刺激的任务；假如玩家喜欢思考，比拼智力和耐性的回合策略和即时策略游戏会使玩家脑洞大开，玩家必须紧紧抓住战机、把握局势，否则一招不慎便会满盘皆输；假如玩家喜欢浪漫和幻想，轻松休闲的模拟人生、恋爱养成游戏可以令玩家一边跟其他玩家交流，一边提高游戏级数，独享居高临下的快感；假如玩家喜欢刺激，高风险的即时战斗枪战游戏会让玩家血脉偾张，玩家必须全神贯注地熟练操作，否则一不小心就会被对手迅速打败;假如玩家喜欢领导和决策,拥有文化底蕴的大型历史网游可以让玩家成为雄霸一方的诸侯,坐拥雄兵,指挥千军万马征战四方,攻城略地。

网络游戏把成千上万的玩家带入了一种忘我的境界,多少人沉醉在紧张刺激的操作快感和与队友的互动交流中,独享着属于自己的乌托邦式生活。

五、配合默契的玩家互动

互动性是网络游戏的基本特征,也是网络游戏的灵魂。网络游戏中,不仅有逼真的场景、炫美的画面和震撼的音效,还有引人入胜的故事情节和多种多样的角色设置,为玩家搭建了释放情感的平台和寄托心灵的港湾。游戏故事构成了游戏互动的线索和框架,玩家与游戏内容的互动一直在不知不觉中进行并升级着,游戏中的玩家无时无刻不在书写着属于自己的动人故事。此外,网络游戏还为玩家搭建了强大的互动平台,这是网络游戏社会性的体现,玩家与他人的交流与沟通构成了人际交往的新舞台,志同道合的玩家们同时也在共同书写着虚拟世界中的励志篇章。

玩家体验游戏的过程,本身就是一种与游戏内容的互动,网络游戏的开放性和自由性使这种互动一直存在并衍生出多种游戏结果。网络游戏在游戏故事的设计上越来越展现出其独特性和连贯性,同时游戏脉络、情节和结局也更加自由开放、复杂多变，这赋予了玩家更多的权利。玩家在玩游戏的过程中，有自己的战术、策略和操作方式，通过对故事情节和即时战略的把控与选择，自发地、动态地去改造故事发展。玩家在游戏中的虚拟角色彰显着他的思维、习惯和欲望，玩家可以为自己的角色赋予独特的情感。这种与虚拟角色心理和情感的互动会为玩家带来出人意料的游戏体验。网络游戏内容的多样性和体验的真实性使玩家自始至终享受着沉浸式的体验过程，这样的多重感官的享受让玩家在网络空间中获得极大的成就感和满足感，玩家转而成为故事的讲述者和书写者。

资料链接

MUD1 的制作者之一理查德将用户分为探索型、社交型、成就型、杀手型四种类型，其中杀手型和成就型的用户基于对扮演的需求玩网络游戏，而社交型和探索型的用户则基于互动的需求玩网络游戏。

心理学家尼克把用户玩网络游戏的驱动力总结为成就感、关系、沉迷、逃避现实和领袖欲，显然，“关系”和“领袖欲”需要互动才能完成。

网络游戏中，玩家还需要与其他玩家进行频繁的互动，这种互动搭建了人际交往的新舞台。在这样虚拟而开放的环境中，玩家终于可以撕下现实生活中的面具，坚持自我，把自己的立场通过各种方式公之于众，含蓄而隐晦地为队友指点迷津，比如分享

"打怪"的技巧与秘诀,共享寻宝的秘密路线图,购买物美价廉的工具等。当每个人都能够诚信正直、敞开心扉、礼貌待人,游戏中的互动也可上升到真情互动,鼓励、助人、给予、宽恕成为彼此合作与信任的基础,有些玩家之间还建立了QQ群、微信群,同一地区志同道合的玩家聚会聚餐也时有发生,并不罕见。

此外,在游戏过程中进行如同现实社会的商品交换也是玩家互动的方式之一,这在角色扮演类网络游戏中较为常见。网络游戏中的有些任务和道具都是随机发放、随机取得的,这就需要玩家彼此之间互通有无。玩家可以相互交换虚拟道具,也可将所得的宝物与装备通过买卖给予他人,获得盈利,再购买更高级的装备供自己所需。商品交换这一社交行为,已成了一种约定俗成的交流习惯和行为模式,它看似可有可无,却作为网络游戏互动中不可或缺的重要环节高频率地发生着。

讨论问题

1. 你最喜欢什么类型的网络游戏?这些游戏都给了你怎样的体验?

2. 网络游戏对你最大的吸引力是什么?

3. 在虚拟的游戏世界中,你是怎样与其他玩家互动的?

第二章

网络游戏的正负能量

主题导航

1 网络游戏的社会价值

2 网络游戏的心智教育功能

3 网络游戏存在的弊端

事物都有两面性，网络游戏也不例外。它有一定的社会价值，体现了以人为本的思想，具有心智教育的功能，能促使人遵守规则，帮助人化解烦恼、开发智力、提高情商，还能帮助人融入团队，结交朋友。但是网络游戏也有弊端，若一味沉迷就会对人的身心发展产生消极的影响。青少年必须正确地看待网络游戏。

第一节 网络游戏的社会价值

你知道吗？

每一个时代有每一个时代的特征。在当今这个时代，没有玩过任何网络游戏的青少年可能为数不多。既然不能回避网络游戏的影响，我们就要正确地认识和对待它。

网络游戏，英文名称为 Online Game，又称“在线游戏”，简称“网游”，指以互联网为传输媒介，以游戏运营商服务器和用户计算机为处理终端，以游戏客户端软件为信息交互窗口的，旨在实现娱乐、休闲、交流和取得虚拟成就的具有可持续性的个体性多人在线游戏。网络游戏受到青少年的热捧，说明它是有存在的价值的。一千个人的心中有一千个哈姆雷特，不同的人对于网络游戏有不同的感受和体会。

一、游戏是理性与感性的结合

1795 年，素有“美育之父”美名的席勒在他的《审美教育书简》中，明确指出游戏以一种特殊的艺术创造和审美教育形式为

席勒和他的《审美教育书简》

世人所接受,从而阐明了“游戏说”的著名论点。

席勒以其独特的视角、深刻的洞见,对游戏进行了全面透彻的分析和解释。他认为游戏的真正意义应当是摆脱物质欲望的束缚和道德必然性的强制之后,所从事的一种真正自由的审美活动。这种审美活动的显著特征在于,它只对事物的纯粹外观形式产生兴趣,即只对事物的形象本身进行观赏和玩味。

席勒研究了动物与人类玩游戏的本质区别。他认为动物的游戏只是一种嬉闹,而人的游戏是为了完全摆脱需求的束缚。席勒强调人玩游戏的自由性,人的游戏之所以成为真正的游戏是因为游戏以理性本性为基础并在其内在驱动的作用下进行。

席勒将游戏提高到美学的理论范畴来进行深入探讨,他认为真正的游戏即审美游戏,游戏必须是感性与理性的结合,是在形式内在驱动力与物质内在驱动力相融合的过程中进行的,因此必须是完全自由的。

游戏使人形成完整和谐的人格,这是席勒游戏说的另一个观点。席勒在希腊人身上看到这种和谐——感性与理性和谐地结合在一起,形成优美高尚的人格,他认为这种人格是游戏所赋予希腊人的。而这种人格在席勒所处的世界里已经消失殆尽,当时的人们常常因为各种原因处于异化的状态:"不是他的感觉支配了原则,成为野人,就是他的原则摧毁了他的感觉,成为蛮人。"这使他感到悲哀。

席勒认为在游戏的过程中,人性不断得到完善,文明不断得到进化,理性与感性达到高度的和谐,艺术与审美达到完美的融合,因此,游戏是人生不可或缺的重要部分。

资料链接

席勒(1759—1805),德国古典文学和古典美学最重要的代表人物之一。席勒与歌德的合作创造了德国文学史上最辉煌的时代,他的《欢乐颂》被贝多芬谱为《第九交响曲》中的一部分而四海传唱。他以美学为依托思考了人性的完善、人类的命运和社会的改良。他的美学著作《审美教育书简》《秀美与尊严》等影响了几代中国人,从蔡元培到郭沫若,从鲁迅到田汉,从王国维到朱光潜、宗白华,无不推崇他的思想成就,受到他的直接影响。

二、网络游戏已形成一个产业

近年来,我国的网络游戏正逐渐形成一个产业,扩大成一个庞大的中国网络游戏市场,这一市场又可细分为客户端网络游戏、网页游戏、社交游戏、移动游戏、单机游戏、电视游戏等游戏市场。

发布于2017年11月28日的《2017年中国游戏行业发展报告》对2017年中国游戏行业整体形式、游戏细分领域的发展现状、游戏行业的发展特点进行了全面的分析，并对中国游戏行业的发展趋势做出了预测。

报告中提及，2017年，中国游戏市场实际销售收入达到2189.6亿元，比2016年增长23.1%，销售收入保持稳定增长。其中，移动游戏全年营收约为1122.1亿元，同比增长38.5%，占网络游戏的市场份额达55.8%，其发展速度可见一斑。

2017年，VR游戏技术进一步成熟，多款客户端游戏推出VR版本。2017年，VR游戏及设备销售收入约为4.0亿元，同比增长28.2%。2017年，自研网络游戏收入稳健提升，约为1420.7亿元，同比增长约14.5%。家用游戏机市场则仍处于成长期，用户付费习惯逐渐养成，全年实现营业收入约38.8亿元，同比增长15.1%；游戏游艺行业进入高速发展阶段，游戏游艺机销售收入约为135.8亿元，同比增长24.7%。客户端游戏产业发展前景也很乐观，2017年，全年营业收入总计约为696.6亿元，同比增长18.2%，占网络游戏市场比重为34.6%。[1]

电子竞技又被人们称为运动电子竞技。它是以信息技术

[1] 中国文化娱乐行业协会，中娱智库.2017年中国游戏行业发展报告[R].2017.

的硬件设备及核心软件两者作为设备，并且在虚拟环境里面，经过统一规划安排从而产生对抗性的电子游戏益智类运动。早在2003年，国家体育总局就已经批准并承认电子竞技为正式体育竞赛项目。2017年，在瑞士洛桑举行的国际奥委会第六届峰会上，代表们最终同意将电子竞技视为一项运动。伴随着网络的迅猛发展，电子竞技迎来了发展的春天，在我国，电子竞技赛事演变成了正式的全国性赛事。中国电子竞技的玩家以及爱好者们开展了各式各样的比赛，受到了很高的关注度。全国性及全球性的电子竞技比赛不断开展，使该项运动有了更大的发展。

游戏之所以为大家所喜爱，是因为其中体现了人与人之间的交流和友谊，并为受众呈现出拼搏进取的体育精神。人文体育与竞技体育共行，使体育项目更加丰富，涵盖面更加广泛。国家认可电子竞技比赛，这是对电子游戏的一种认可，它使高科技和体育得到了完美融合。

在教育方面，教育部于2016年公布了高校的13个增补专业，其中包括“电子竞技运动与管理”，属于教育与体育大类下的体育类专业。不少高校开始试水招收电子竞技运动与管理专业的学生。

另外，近年来，伴随着智能手机技术的发展，手机网络游戏作为一种休闲娱乐方式，越来越受到广大用户的喜爱。随着手机网络游戏市场的逐渐形成和发展，玩家在手机网络游戏上的消费成为一个新的消费热点。

三、网络游戏里的传统文化印记

游戏中传递的种种文化会潜移默化地影响玩家的心智，一款具有中国历史文化内蕴，体现中华民族传统道德及价值观念，凝聚民族精神与情感的精品游戏不仅能打动玩家、教育玩家，还有助于弘扬民族优秀文化。

网络游戏产业是文化产业的一种。网络游戏自诞生起就一直伴随着诸多异样的目光，但是它的发展并没有因为人们的非议和怀疑而停滞。相反，近几年来，网络游戏的爆炸式发展引起了社会各界的广泛关注，经济、教育、文化、产业、法律等方面的人士对网络游戏的关注度越来越高。

中国上下五千年的文化中有太多的经典，可以为开发商提供丰富的素材。开发商大可以利用这些文化素材，创作出独具中国特色的游戏。目前这类游戏有四类：

第一类是武侠类游戏。我国的网络游戏中有很多都是以中国传统的武侠文化为蓝本制作的。武侠故事中充满了刀光剑影、爱恨情仇，再加上历史的积淀，因此受到国人的喜爱。有了游戏这一平台，成为大侠，快意江湖不再只停留在想象中，玩家只要登录游戏就可以在游戏世界里驰骋江湖，享受游戏带来的快乐与满足。而这类游戏里所渗透的侠义精神，也会在无形中影响着玩家。这类游戏有很多，如《天龙八部》《剑侠世界》《武林外传》《华夏》《剑侠情缘Ⅱ Online》等。

第二类是历史战争类游戏。历史战争类题材的网络游戏也比较受玩家的欢迎,尤其是男性玩家。历史战争故事一般场景宏大,打斗激烈,阵营鲜明,很适合作为游戏题材。这类游戏有《三国志》《幻想三国志》《天骄》《三国群英传》《真·三国无双》《霸王别姬》《明朝时代》等。这些游戏使玩家在战火纷争中得到刺激和满足。比如《天骄》,该游戏以风起云涌的秦末汉初为时代背景,玩家有机会名震天下,游戏人间。

第三类是仙游类游戏。仙游文化来源于古代的道教。道教的教义与中华本土文化紧密相连,深深扎根于中华文化沃土之中。道教吸收了很多神话故事和民间传说的内容,极具浪漫主义色彩。神仙的飘逸、天庭的华丽、法术的神奇……一切都有很强的吸引力。以神仙鬼怪为题材的网络游戏因此深受玩家的喜爱,例如《梦幻西游》《寻仙》《西游记》《大话西游》《封神榜》等。

第四类是玄幻类游戏。玄幻小说,是近年来才兴起的具有中国特色的幻想小说。多数玄幻小说综合了西方的魔法、中国的武术和谋略、日式的人物造型,再加上科幻、神话(经常是中国、印度、希腊神话并存)的元素,构建出神奇的世界。这类网络游戏往往充满传奇色彩,比较酷炫,如《天元》《灭神》等。

这些具有浓厚传统文化印记的网络游戏对于弘扬我国传统文化的精髓,提高国人的传统文化素养能起到独特的作用。

四、网络游戏里的个体价值与团队精神

20 世纪 50 年代兴起的人本主义学派强调人的尊严、价值、创造力和自我实现，把人本性的自我实现归因为潜能的发挥。人本主义学者认为潜能是一种类似本能的性质。人本主义最大的贡献是看到了人的心理与人的本质的一致性，将人的本能与动物的本能加以区别。人本主义者高举以人为本的大旗，提出了人最基本的需要是生理和心理需要的观点，他们认为这是人最优先要满足的需要，而游戏正好能同时满足这两种需要。

网络游戏通过"人—机—人"对话的方式来进行，这与真正面对面的情感交流是完全不同的，一般情况下玩家并不知道和自己聊天、共同游戏的人

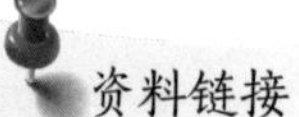

人本主义于 20 世纪中叶在美国兴起。它高举以人为本的大旗，既反对行为主义把人等同于动物，只研究人的行为，而不理解人的内在本性的学术观点；又批评弗洛伊德只研究神经症和精神病人，不考察正常人心理的做法。因而被称为心理学的第三势力。该学派强调人的尊严、价值、创造力和自我实现，把人本性的自我实现归因为潜能的发挥，而潜能是一种类似本能的性质。人本主义最大的贡献是看到了人的心理与人的本质的一致性，主张心理学必须从人的本性出发研究人的心理。

是谁,更不知道对方的地位、职务和收入,游戏中大家只看技术如何。因此,聪明的游戏设计者们提出了一个符合人本主义学派主张的口号——“游戏之中,人人平等”。这一口号在许多人听来,是畅快和舒心的。无论在现实生活中是默默无闻还是声名赫赫,在网络游戏中大家都是从零玩起。青少年尤其喜欢这种平等的感觉,也许他们学习成绩不好,也许他们是老师和别的同学眼中的“坏学生”,也许他们在家庭中是个“没出息”的“熊孩子”,但是在游戏里,他们完美的技术引得身后追随者无数,可以说是一呼百应。

青少年正处于青春叛逆期,这一时期也是心理变化比较大的时期,学业、家庭和社会带给他们的压力使他们渴望彰显自我,寻求个性的发展,网络游戏便给他们带来了这么一个充满无限可能的自由空间。在网络游戏里,青少年寻找着展现自我、张扬个性的机会。他们可以自主选择喜欢的角色,或者说是能够驾驭的角色,它完全听从调遣,只要不违反游戏规则,他们便可以任凭自己的想象力驰骋,利用各种手段和途径来掌握角色的命运。

在游戏中,玩家通过互相配合、共同游戏,不仅培养了团队精神,还增进了人和人之间的感情。青少年正处于一个渴望学习的年龄,除了文化知识以外,社会、人与人之间的感情和外面的世界在他们眼里都透着一层朦胧,他们充满了好奇,在游戏这个虚拟的世界中,他们更容易放松和融入。

目前国内运行的网络游戏有许多类型,青少年可以根据自己的喜好自主选择游戏及其中的角色,同时在游戏中还可自主选择玩伴。比如有些人喜欢人物和场景很唯美的游戏,有些人喜欢Q版的游戏,而有些人则喜欢对战刺激的游戏。

网络游戏中,青少年不仅可以实现个人的价值,还能学到团队合作的精神。目前,鼓励团队合作越来越成为游戏设计者追求的一种趋势,“组队”成为目前最流行的模式。组队,指玩家在游戏中为了一个共同的目标而组成一个临时性队伍的行为。人多力量大,多人合作可以在最短的时间内完成目标,同时可以将自身的损失减少到最小。而且事实上,游戏中的确设计了许多玩家不可能单独完成的任务,这些任务需要玩家与队友之间默契配合和互相信任,并通过共同努力来完成。比如某些网络游戏中的“多人团”,又比如游戏《龙之谷》中系统规定一个队伍只要维持三次以上不解散便可获得额外经验奖励等等,这些都体现了游戏设计者们鼓励玩家进行团队合作。青少年在和他人合作共同完成游戏的过程中,慢慢懂得并学会如何与他人合作,养成团队精神和协作精神。游戏既提升了他们的个体参与意识,又强化了他们的集体主义信念和团队合作精神。

五、网络游戏里的规则与角色规范

网络游戏中营造了虚拟的社会空间。每个人在这个社会中总要选择属于自己的角色,并且根据社会环境和周围人的要求和期待而不断进行调整和改变。青少年时期是人进入社会选择自己角色的关键时期。在这个阶段,青少年渐渐形成了自己的人生

有规则的地方才有自由

观和价值观，并开始思考自己的生活态度，开始对社会上的不同角色进行分析和认定。然而在现实社会中，由于学业等原因的限制，实际上青少年很少有机会与外界接触，他们尝试各种角色的机会非常少，重新选择角色生活的可能性不高，而此时，一个好的网络游戏便为青少年提供了一个提前进入社会、了解社会进而选择自己人生角色的虚拟世界。

网络游戏中各项系统的设置都给青少年提供了与他人联系的机会，他们可以加入一个公会，交到一些好朋友，公会就像一个大家庭，青少年在其中感受到了每个成员之间要互相友爱、互相信任、共同努力；他们还可以通过一些市场系统来进行买卖，在这里他们会明白要诚信经营，也许偶尔还会上当受骗，这会让他们懂得遇事要谨慎小心；他们会遇到形形色色的人，碰到各种各样的事，他们能在其中感受到人间的冷暖，也能提早发现这个社会的某些丑恶现象，从而提醒自己要提高警惕，谨防受骗。网络游戏向人们展示了一个超越现实社会的虚拟世界，为青少年提供了一个更广阔的实践空间。

青少年社会化的过程就是接受并遵守社会道德规范的过程。网络游戏的规则大多根据社会道德规范的要求来设定，特别是具有中国传统文化背景的游戏。这使我国的一些传统美德得以彰显，使青少年在玩游戏的过程中，逐步强化社会角色意识，通过与各种角色的接触，在懵懂中逐渐知道什么是人间的真、善、美，在耳濡目染和潜移默化的过程中逐渐接受社会道德规范的影响。

第二节 网络游戏的心智教育功能

你知道吗？

无论是十几岁的青少年，还是二三十岁的年轻人，甚至是五六十岁的中老年人，大多喜爱网络游戏。这是为什么呢？因为网络游戏也具有一定的心智教育功能，能培养人的思维能力和心理素质，帮助游戏者获得情感上的愉悦，继而健全他们的人格。

一、网络游戏与自我认同

网络游戏是传统的单机电子游戏升级的产物，是用户通过互联网而进行的一种电子游戏。在游戏中，用户的对手不再是单一的由程序员编制的程序，还可以是其他用户。网络游戏的乐趣不仅是人与事先设置的各种程序的对抗，更是人与人之间的智力、精神和意志的对抗，所以网络游戏相较于普通的游戏来说，更具有生命力以及诱惑性。

分析网络游戏对于青少年的诱惑力，就不能不分析青少年在成长时期的各种特点,这些特点主要表现为以下几个。

特点一:自我意识发展迅猛。青少年时期是自我意识发展的一个飞跃期,此时的青少年具有独立感、自由感、自信心、自尊心。学习对于每个学生来说都是不断摔打的过程。从幼儿园、小学、初中、高中乃至大学,层层关卡,年级越高,学习竞争的压力就越大。各种花样翻新的排名依然存在,排名一般或排名较靠后的学生会产生严重的挫败感,而即使是成绩优秀的学生,也有巨大的压力。青少年的心理诉求无人知晓,也很少有人能够开导。

青少年有一种强烈的获得新的技能的欲望,当他们有机会面对有一定挑战的任务并在完成任务后接受到积极的反馈时,会产生较强的满足感。特别是在现实生活中受挫的青少年,十分需要有人肯定,网络游戏可以满足他们的这种需求。

特点二:思维活跃,认知力强。青少年时期,形象思维能力、观察力、概括力、想象力和记忆力都在不断增强,青少年具有求知欲强、思维敏锐、接受新事物快、富于想象力等特点。科学研究证明,玩游戏的人体内会大量分泌一种叫作多巴胺的物质,这种物质可以让人激动、亢奋。即使玩得不好,在游戏当中仍然可以找到较弱的玩家,战胜他们,就会有成就感。而随着技术水平和游戏等级的提升,"游戏大神"的地位就会慢慢确立。例如在《英雄联盟》这款游戏当中,最强王者、超凡大师、璀璨钻石段位的玩家,在游戏中就深受其他玩家的尊重。

特点三:情感丰富且不稳定。青春期是一个躁动不安的时期,青少年往往易动感情、遇事容易激动,同时情绪多变,在玩网络游戏过程中则表现为亢奋和不加克制。

比如,《英雄联盟》这类游戏是需要十个人一起才能进行的,朋友之间互动的时候至少也要两个人,若能五个人联手一起玩就更好了,当然这是建立在五个人的水平都不错的情况下。这样便产生了连带效应,游戏制作公司不用投入任何费用,忠实的青少年玩家就会自动地发掘身边潜在的游戏玩家一起联手。

网络游戏给青少年带来精神上的极大满足,他们通过在虚拟现实中的打拼,将自己打造成为英雄,建立自信心和自尊心,增强自我认同感,这使他们完全忘记了现实生活中受到的挫败,忘记了同学异样的目光,忘记了父母的指责。另外,通过游戏的社交网络,他们发现与自己兴趣相投的玩家,这使他们感到从此不再孤独。[1]网络社交也考验一个人的情商,而自我认同感的高低是判断一个人情商高低的标准之一。

---

[1] 刘新颖.网络游戏:如何满足游戏者心理需求? [J].宁波广播电视大学学报,2005,3(1):6—8.

二、网络游戏开发智力

不仅仅是青少年,对于大多数人来说,游戏当中的精美画面和动听音乐的吸引力是巨大的。不少青少年厌倦了天天做不完的作业和压得他们喘不过气的成绩排名,因此将目光投向网络游戏。

某些网络游戏确实有助于开发青少年的智力,帮助他们增长历史、地理、政治等方面的知识,如通过《三国志》等游戏,他们认识了不少著名的历史人物,知道了许多动人的历史故事。

三九医学教育网举了这样两个案例:

案例1:一个英国的国际研究小组在研究报告中说,对一些常玩电脑游戏的青少年的大脑进行扫描后发现,他们的大脑结构与其他青少年相比有所不同。“频繁玩家”大脑中的腹侧纹状体比其他人的要大。腹侧纹状体被称为大脑的“激励中心”,与奖励反馈有关,常常在人们得到外界回报时发挥作用,比如享受美食的时候。

案例2:前不久,美国的一名博士和同事邀请40名年龄在60至80岁的老年人参与了一项研究。这些老年人被随机分为两组,一组在1个月内接受长达23个小时的游戏培训,另一组不接受培训。培训的游戏名称为《国家的崛起》,是一款在美国热卖的电子游戏。游戏要求玩家具备同时处理多项任务的能力,包括选择正确的军事战略、建造城池、管理经济和养活民众。研究结果表明,电子游戏使玩家保持警觉,有助于提高老年人的记忆力、分析能力和同时应对多种状况的能力,有利于延缓大脑的衰老。

一些游戏中所蕴含的寓意对于青少年了解人生与社会是有启迪作用的。有学者认为:《愤怒的小鸟》这一款游戏中,小鸟在解救被囚禁的小动物时,虽然困难重重,挫折不断,但是,仍坚持不懈,直到找到解决的办法。这教育我们在任何情况下都应“不放弃,不抛弃”。

曾有过这样一个案例:一个 12 岁的北京男孩,酷爱玩电子游戏,但觉得自己技术不过关,玩得不好,于是课外报名参加了计算机学校开设的一个兴趣班。由于兴趣的推动,居然拿到了全国计算机等级考试四级的合格证书。

爱因斯坦曾经说过:“兴趣是最好的老师。”南京有一个中学生,高一的时候对英语没有兴趣,后来他玩了一个与不明飞行物有关的游戏,游戏中都是英文,遇到不认识的单词他就查阅字典,无意之中将学习和玩游戏结合了起来,这激发了他学英语的兴趣,后来他获得了全国奥林匹克英语竞赛的金牌。

还有一些青少年由于玩网络游戏激发出对电脑的兴趣和热爱,由此尝试创办自己的企业,从事电子游戏软件的开发等。如果能将网游与编程方面的知识融合进教学,也许将来可以为我国的软件开发事业培养出更多的杰出人才。

游戏只是生活的一部分,不是生活的全部。如学习累了,可以适当地玩一下网络游戏,以调节紧张的情绪,消除疲劳。从这个角度出发，适可而止地玩网络游戏是有好处的。劳逸结合，这对于青少年智力开发很有必要。

三、网络游戏化解烦恼

长期以来，许多家长、教师往往只要求自己的孩子或学生考好成绩，拿好名次，由此带来的直接后果是青少年的心理压力很大，而网络游戏中，青少年按照自己的意愿来实现目标，以获得快乐，这可能是青少年迷恋网络游戏一个重要的心理原因。正如前文所说，青少年为了逃避学习，大多数情况下都会借网络游戏放松自我。电脑上有众多的网络游戏，游戏形式和游戏内容无比丰富，青少年坐在家中便可在游戏中按照自己的想法统领军队、广交朋友，满足了他们在紧张学习压迫下的自我成就感、新奇感和追求紧张刺激的心理需要。比如以下的案例：

李相赫，ID 为 Faker，绰号“大魔王”，《英雄联盟》中单，1996 年 5 月 7 日出生于韩国，是韩国电子竞技俱乐部 SKT T1《英雄联盟》分部的队员之一。至今，他所在的战队已经拿了 3 次 S 级的世界冠军，说他是《英雄联盟》现役第一人一点也不为过，他在《英雄联盟》这款世界范围内大火的游戏中有着偶像一般的声望。然而现实生活中，李相赫父母离异，从小孤独自卑，只能靠玩游戏来打发自己的时间，他觉得玩游戏是自己最大的乐趣所在，用李相赫的话说，游戏解除了他所有的烦恼。

通过查阅一些有关他的访谈,我们可以知道他对游戏极度热爱。他每天的训练时间大概是15个小时,即使是在2015年全明星赛结束之后,他从美国回到韩国已经半夜2点,可是他回到家中的第一件事情仍是打开电脑开始排位。他天赋极好,又如此努力,他身上体现出来的榜样意义已经超过了游戏本身。作家格拉德威尔在《异类》一书中指出:“人们眼中的天才之所以卓越非凡,并非天资超人一等,而是付出了持续不断的努力。一万小时的锤炼是任何人从平凡变成世界级大师的必要条件。”他将此称为“一万小时定律”:要成为某个领域的专家,需要在这一领域上付出一万小时的时间,如果每天工作八个小时,一周工作五天,那么想要成为这个领域的专家至少需要五年,这就是一万小时定律。李相赫之所以玩游戏,一方面是为了生活,为了

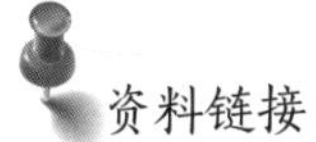

美国知名的网络游戏拳头公司这样评价Faker:他是现代电子竞技的偶像级人物。他在韩国被称为“大魔王”,人们都以单杀Faker作为一个职业玩家成名的标准,他不仅提升了我们对于中单的期望,而且已经帮助SKT王朝拿下三冠,他的争胜之心却没有一丝减退的迹象,他是有史以来最出色的《英雄联盟》选手吗?也许是。但有一件事可以确定:Faker将作为首批世界电子竞技超级明星被载入史册。

成就他自己的人生，另一方面是为了化解烦恼，排遣孤独。

有一种现象值得注意：不少青少年在学习深入不下去的时候会选择在其他方面投入精力，以化解自己的负面情绪，这一点和李相赫的做法类似。但是李相赫毕竟只有一个，青少年应该更多地看清自己的天赋所在，把玩网络游戏视为一种娱乐与消遣，不能抱着自己能做“Faker 第二”的想法。青少年玩家迷上一款网络游戏后有时会不由自主地放纵自己，甚至做出有违道德或法律的行为，需要旁人的提醒、监督。但在提醒、监督的同时，我们也要尊重青少年玩游戏的权利，承认游戏中还是有真情实感的友谊，游戏中能体现青少年的聪明才智。

美国电子游戏研究专家希德尔·古塔教授曾经说过，随着年龄增长，游戏者会觉得游戏越来越不好玩，因为社会角色的分配使生活逐渐丰富多彩起来，游戏者也就无须依靠虚拟世界来寻求快乐和满足感。所以，有时我们的家长不要过于担心青少年玩游戏会上瘾，其实对大多数青少年游戏玩家而言，网络游戏只是他们青春期的一个玩具，陪伴他们度过一段寂寞的时光后，自然会成为一段记忆。

四、网络游戏改变态度

为什么如此多的青少年迷上了网络游戏？关键是它给他们带来了快乐。游戏是一种体验，它在给青少年带来一种经历的同时，也慢慢改变他们的心情，改变他们对待人生的态度。

据中国青少网报道，北京一个叫莹莹（化名）的学生写了一篇作文《摩尔庄园，你让我快乐！》：

最近，我迷上了一款网络游戏，叫《摩尔庄园》，游戏发生在一片纯净的土地——摩尔庄园中，小朋友们都化作了一个个可爱的小摩尔，和小伙伴们一起嬉戏、玩耍，有着说不完的乐趣。自从玩了《摩尔庄园》，我感到无比快乐，同时，我还学会了坚强，学会了独立，学会了节约。

在摩尔庄园里，不但要学会照顾自己，还要学会照顾自己的小拉姆。摩尔庄园是一个祥和的大家庭，世界各地的小朋友们心连着心、手牵着手。游戏中，如果有不懂的问题，会有向导给我们答疑解惑。庄园里，有警官保护我们，因此我们不害怕任何怪物。

走进摩尔庄园后，我发现我的快乐在不断地增长。摩尔庄园里的周年庆典舞会是我觉得最有意思的活动。舞会上，小摩尔们穿着美丽的衣裳，带着可爱的拉姆，到指定的地点领取各种各样的礼物，还可以回到2008年以前的摩尔庄园，真是乐趣多多啊！

我平时爱逛街，在摩尔庄园里，服装店里的衣服各式各样，现实服装店里没有的衣服那里全有，五颜六色，闪闪发光，真是美极了！

我还可以走进工厂，戴上安全帽，手拿小铲子开始工作赚钱；也可以走进道具店，购买一些道具做恶作剧；还可以走进礼品店，购买一些小礼物送给自己的好朋友，这样，就可以友谊长存了。摩尔庄园里的生活真是多姿多彩。

摩尔庄园,你让我快乐!你让我感受到在书本里、课堂上从未感受过的快乐!大家都来摩尔庄园吧!相信你们一定会爱上摩尔庄园里的一切!

这篇文章告诉我们,快乐是青少年最渴望的,快乐会为青少年带来积极的人生态度。青少年时期是一个人生命旅程当中的重要时期,在这个时期中,青少年会渐渐形成属于自己的价值观、人生观和世界观。在这个时期,自主意识开始觉醒,青少年会开始选择自己想要走的人生道路。然而,追求快乐不等于享乐主义。青少年往往涉世未深,有时容易迷失自我,片面追求享乐,一切劝阻他们不要通过沉迷于网络游戏来获得快乐的言行都可能引起他们激烈的反抗。凡事都应该讲究“度”,这一点对于青少年如何看待网络游戏是有借鉴意义的。

五、网络游戏带来朋友

某大学的学生小石(化名)算得上是一个资深的游戏玩家,2011 年刚上大学的时候,他就是《穿越火线》的技术型高手了,他认为技术和意识是第一位的,从没有想过在《穿越火线》这款游戏当中通过充钱以变强。小石的游戏技术一直没有过多地被人察觉,直到班级当中玩《穿越火线》的人多了,大家一起组建了一个战队,在比赛过程中,大家发现,凡是小石早早阵亡的战局,他们的战队也同样会早早地被对方打败,小石在游戏中的重要性体现了出来。而且小石对于狙击枪的各种玩法,诸如瞬狙、跳狙等十分熟练,其他游戏当中的小技巧,诸如搜点、卡身位、跳箱子等技术也运用得炉火纯青。至此,小石的游戏水平被班里的同学认可,成为班级里《穿越火线》的“一哥”。

小石带着这样的“特殊荣誉”度过了四年大学生活。之后出于对游戏的热爱,小石来到了深圳一家专门的游戏显卡公司工作,日常的工作就是在电脑上试玩各种各样的大型单机游戏和网络游戏,这些游戏对于电脑的配置,特别是显卡的要求很高。试玩之余,他也会跟同事们一起玩他们都喜欢的网络游戏,如《穿越火线》《英雄联盟》等,并且交流心得。公司经常会举办一些与游戏和设备相关的活动。2016年的时候,还邀请到了国内知名的《英雄联盟》战队OMG出席新款显卡的发布会,爱玩游戏的小石在活动团队当中担任策划与执行。正是他和团队的辛勤付出,保证了发布会的圆满成功。小石说:“爱打篮球,爱玩团队竞技游戏的人,脾气都不怎么坏,而这两种运动我都喜欢。”

青少年的社交圈子相对来说较小,但是通过网络游戏这个平台,可以结交到任何地方的玩家,通过游戏技术加上一定程度的社交技巧,可以在游戏当中找到自己的朋友,这样的朋友彼此有着共同的爱好,年龄大致相同,在游戏中会为了相同的目标而共同努力,这样的经历使他们之间的情感有了不一样的色彩。

任何事情都有两面性,网络游戏中的社交活动也如此。好的一面是青少年可以通过这样的社交经历来提升自己的社交水平,也可以通过在游戏中结交不同的朋友来增长自己的见识;不好的一面是青少年可能沉迷于游戏里的虚拟社交而忽略了现实社会的真实社交。

第三节　网络游戏存在的弊端

你知道吗？

据统计，有四分之一的父母认为孩子沉迷于电子设备是他们养育子女过程中最大的问题。心理学家约翰·查尔顿博士对网瘾少年进行了研究，他告诉记者："网瘾的行为特征类似于赌博。"他还表示，当孩子们玩游戏的时候，他们希望得到游戏中的奖励，他们渴望在游戏中证明自己，因此，为了打破自己最好的纪录或者成为排行榜的榜首，他们就会一直玩。

一、网络游戏令人沉迷

网络游戏产业要发展,游戏企业要赚钱,就必然要开发极具吸引力的游戏产品,游戏制造商和开发商会想尽办法让玩家上瘾,除了美丽的游戏画面、动人的声音、复杂的剧情等因素外,还有以下一些具体的手段:

(一)视觉化、数据化的即时反馈

游戏中的任何操作,都会立马视觉化、数据化地显示出来。不要小看每次砍怪物时它们头上弹出的数字,不要小看出招时配的音效,不要小看表示伤害值的红条和生命值的蓝条,它们都为玩家提供了最直观即时的反馈。

为什么即时反馈那么有吸引力?因为即时反馈让玩家有一种可控感。有种说法认为,电梯里的关门键其实并没有什么效果,但这个装饰用的按键却可以实实在在地增加乘客的可控感,进而让乘客产生心理上的安抚效应,不易烦躁。这可与现实生活中的学习相比较——听课并不能让你直观地看到经验值的增长,被游戏吊高胃口的青少年自然觉得无聊、没劲。学习是一个潜移默化的系统的过程,努力的结果不会立刻得到体现。

(二)多重系统,多样玩法,小目标渐进,无穷循环

相信你一定有这样的体验:哎呀,今天先玩到这里吧。但只差 7% 就升级了,要不就打到升级吧!啊呀,打到稀有宝石,可以镶嵌武器了,赶紧去收集一下需要的素材。好朋友上线了,约了去打副本……打完了正好零点,又有新任务……

为了将玩家牢牢地拴在游戏里,游戏不仅提供升级体验,还提供各种玩法。总能让你找到一个 10 分钟左右的小目标,不断

猛兽出没，心瘾成魔

去完成它,以获得完成时的成就感。一旦获得这种成就感,为了维持,玩家会迫不及待地投入下一个小目标。如此算来,平均 10 分钟一个小高潮,学习又怎比得过它?

(三)虚拟的成就感

这种成就感主要来自以下三种刺激方式:

1. 内在激励。内在激励简单来说,就是一种对自我能力的确认 —— 这件事我喜欢,我做了,我克服了困难,我完成,我开心。为什么简单的小游戏,比如“扫雷”“连连看”会让人上瘾一般一盘又一盘地玩下去?因为这其中设置了恰到好处的困难让你证明你有能力破解。感受到这种力量,你就想一再体验。

2. 称号。完成了某种成就就会被记录。

3. 展示。生活中的一个普通小职员在游戏里可能是一呼百应的公会“老大”。这种拥有权力和万众仰慕的感觉也是现实生活中的“稀缺资源”。史玉柱在《史玉柱自述:我的营销心得》中提到,《征途》在情人节推出的 1 元的虚拟玫瑰花,最后卖了可能有 5000 万元。为什么?因为他提供了展示的平台 —— 只要送 99 朵以上,就上公告。

(四)简化世界,路径清晰

在不断发展演进中,游戏已经形成一套将现实生活总结简化的图谱、话语体系。你要做什么、怎么做,做完后能获得什么,全部都清楚地展现在你面前。只需照着地图、攻略去做,就能达到所期望的目标。往大里说,所有人都追求“对世界的理解”,而这种欲望，在游戏中能得到最大限度的满足，有时甚至已经反过来影响现实。

（五）"生死之交"的情感

人和人一起经历过情绪的大起伏后，会产生更亲密的关系，但日常的生活中这种机会太少，导致我们同周围人的关系质量严重下降。取而代之的，变成"一起上过网"，在游戏里组队的关系。虽然所有活动都建立在虚拟的网络游戏的基础上，但产生的情感联系却是真实的。甚至，游戏还能提供现代社会稀缺的庄严感和意义感。相信在《英雄联盟》里面打过辅助位置的和为公会牺牲过的青少年都有这样的感觉。

（六）游戏公会的黏合力

游戏公会的存在，对于游戏玩家和游戏本身来说都是非常重要的，因为公会用户有普通个体用户所无法取代的优势。第一，游戏公会作为一个游戏内的组织结构，吸引了大量个体用户的进入，提高了游戏内用户的黏合力。第二，公会是建立在游戏内的互动团体，公会用户之间的互动性远高于普通的个体用户。第三，作为用户基数庞大的组织，任何一款游戏如果在宣传的同时，就针对用户群设计公会的话，效果会远比针对普通个体用户好，且更有效率。目前著名的游戏公会有很多，比如"众神之域""离恨天""神幻""北神""夜袭""楚天""Song 歌者""神话""北狼""饿狼""狼族"等。

依托网络的虚拟游戏的世界简直就是为身处叛逆期的青少

年量身打造的，它对青少年而言充满了诱惑力，使之陷于虚幻之中。爱玩网络游戏不是过错，可是因此而荒废自己的学业，冷落了周围的其他人，就是本末倒置的行为了。青少年身处家庭、学校、社会之中，作为其中的一分子，自然要承担应当承担的责任，这样才能从父母、老师、社会其他成员那里获得认同。沉溺于网络游戏，忽视自己应当承担的责任，必然会招致其他人的不满。游戏塑造的毕竟是虚拟世界，现实生活才是切实的。

二、网络游戏影响人的性格

日本学者林雄二郎关于电视改变人性格的理论观点在网络环境中同样适用。

香港《文汇报》曾有一篇报道是关于一位叫王诗杰（化名）的中学生的，他从高二的暑假开始玩游戏《天堂》，他认为：“在网上玩游戏就是与人竞争，我不想落后于人！”不用上课的时候，他从中午玩至第二天早上七时才睡，下午一时起床吃饭后，又继续玩。王诗杰解释：“凌晨上网的人特别少，那时打怪兽效率最高。”

到了高三，王诗杰宁愿不吃午饭，也要到学校附近的网吧玩网游。“因为不想被其他玩家超越，我不想被人打败。”当时全香港共有一千四百多人在玩《天堂》。《天堂》容许玩家无限升级，级数愈高，升级难度也随之上升，只有约三十人达到五十五

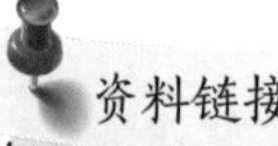

资料链接

在传播学领域，日本学者林雄二郎将在印刷媒介环境（学习与娱乐的主要途径是读书、看报之类的活动）和电视媒介环境（学习与娱乐的主要途径是看电视）中完成社会化过程的两代人加以比较后提出，电视对现代人社会化的过程影响巨大，这是对现代人行为方式特征的一种概括。林雄二郎将伴随着电视的普及而诞生和成长的一代人称为“电视人”，他们在电视画面和音响感官刺激的环境中长大，是注重感觉的“感觉人”，他们的行为方式与在印刷媒介环境中成长的他们的父辈重理性、重逻辑思维的行为方式形成鲜明的对比。同时，由于收看电视时是靠在沙发上、面向荧屏的，这种封闭、缺乏与现实社会互动的环境，使得他们当中的大多数人形成了孤独、内向、以自我为中心的性格，社会责任感弱。

级以上，王诗杰就玩到了五十三级。为了玩网游，王诗杰与家人的关系恶化，过几天就与家人吵一次架。有一次，他父亲一怒之下关掉了总电闸，王诗杰便愤然离家出走，他说：“父母日日都在责骂，我忍受不了，便收拾校服及金钱出走一晚，第二天放学才回家。”

由于家中只有一台电脑，王诗杰与妹妹经常因此发生口角。“有时妹妹比我早一步用电脑，我便骂她，即使她哭我也不关心。”

沉迷于玩网游令王诗杰不能控制情绪。为了加快升级的速度,王诗杰买了相关的攻略书,每晚钻研。他通常只在考试前一天温习,学习成绩因而退步。“那时全班二十七人,我考第二十名。”他说。

迷恋游戏使王诗杰变得孤独、暴躁、以自我为中心。他只想把自己关在一个幽暗的地方痛快地玩游戏。

不谙世事的青少年一旦沉迷于网络,其意志、品质、自制力、交往能力会变得更弱,性格很容易变得孤僻。更严重的,网络游戏可能引发青少年犯罪。不仅是中国,很多国家都针对这一问题展开了讨论,因为担心游戏会毁掉一代青少年,有些国家已经对游戏进行了分级。游戏是大人做出来的,但是,对大人而言是一杯美酒的东西,也许对青少年来说就是毒药。沉迷于游戏使青少年失去很多社会实践的机会,与现实社会的接触越来越少,他们会觉得周围的人跟自己没关系,性格越来越孤僻乖张,认为只有游戏里面的人物才与他们有关,完全生活在虚拟的世界里。

作为青少年,应该合理分配自己的日常时间,努力做到一定程度上的自律,正如电影《阿甘正传》里面的主人公阿甘。有兴趣同学可以观看这部电影,你一定会有所启发。

三、游戏达人真的值得羡慕吗

“其实说到底,爱玩网游甚至痴迷的人无非想在网游世界中体会在现实社会中没有的成就感,也可以说是游戏带来的快感,以平衡现实生活中自身的不足，或者是去追求现实生活无法实现的理想。”

《中国经济时报》曾经有篇报道提到，在一家公司当会计的廖先生曾经是《魔兽世界》的铁杆粉丝，廖先生说：“上大学那会儿玩得比较凶，因为当时对未来有点迷茫，对现实又有点失落，现在不太玩了，顶多也只是在 QQ 上斗斗地主、打打牌，对大型网络游戏没有那么感兴趣了。年纪大了总要有点责任感。”

现实中，不少青少年都幻想着通过打游戏的方式成为一名游戏达人，使自己衣食无忧。最近几年，伴随着直播行业的快速发展，各种游戏达人都在直播平台上开辟了自己的直播间，通过直播来展示自己的游戏技术，同时与观众积极互动，顺带讨一波观众的打赏。

在日常生活中，人总是活在属于自己的圈子当中，与名人接触的可能性很少。网络直播平台的存在，使得平民与偶像的交流成为现实，游戏玩家可以通过“弹幕”与自己的偶像对话、交流。

“五五开”作为一名《英雄联盟》战队前队员，技术过硬，而且还是圈内名人。平时普通《英雄联盟》玩家要与“五五开”交流是不太可能的，但在其直播过程中，“五五开”统称大家为“兄弟”，用诙谐、幽默的语言与观众互动，讲解游戏技术。对观众而言，观看直播不仅有助于提升自己的技术，而且能与自己的偶像互动，一举两得。

这些知名的游戏达人赶上了游戏产业发展的黄金时期，有的达人甚至轻轻松松就能获得千万年薪,他们在游戏当中投入金钱,少则几千,多则几万、数十万。这种行为会刺激心智不成熟的青少年们,他们可能会产生这样的想法:游戏打得好,就能挣这么多钱,挣钱是一件很容易的事情;或者是,主播们用钱抽到了极品的游戏皮肤或者装备,好羡慕,我也想抽到,所以也不加节制地往游戏里充值。

现今有不少游戏达人精神世界很匮乏,有些游戏主播道德素质不高,直播时往往会不加节制地乱爆粗口,有的还利用网络直播平台传播不良内容,给青少年和社会带来巨大危害。游戏主播们借此挣到钱,这在一些人看来就意味着成功,素质参差不齐的主播们往往会就此产生膨胀的心理,做出一些不合时宜的事情,但是他们却不一定能够意识到自己的行为对于受众而言意味着什么。

青少年们身处复杂环境,看不清网络游戏以及游戏达人的本质,往往会被一些表面现象所迷惑,对有些欲望膨胀、妄自尊大的所谓的游戏达人佩服得五体投地,甚至模仿他们的行为举止。这显然是不明智的,不利于青少年的健康成长。

四、命断网吧的教训

根据调查,如今泡在网吧上网的年轻人普遍上网时间过长。一些网吧还不顾禁令通宵营业,更给这些青少年“网吧族”提供

资料链接

生物钟是人类进化几百万年的结果，经常熬夜加班、不按时吃饭等行为都会打乱生物钟，使人感到疲劳、烦躁，这些往往是疾病的先兆或危险信号。

研究表明，生物钟长期紊乱可能引发超重、免疫力下降，进而导致2型糖尿病、认知障碍症、癌症等多种疾病。夜间过度暴露于灯光下，会导致褪黑素分泌减少，从而增加癌症的易感性。以色列魏茨曼科学研究学院的科学家还发现，不按时睡觉会引发肥胖和其他代谢类疾病，增加胃肠道和心脑血管疾病的发病率。

了便利。通宵上网违背人正常的作息规律，且网吧中环境昏暗，不便于观察，上网的人都专注于自己的游戏，没有多余的心思来观察其他人，即使看到有人横七竖八地躺倒，也认为他只是玩累了在休息。在这样的环境当中，一个人出现意外而被及时救治的可能性实在是太低了。

《扬子晚报》曾经报道：2017年1月9日凌晨1点半左右，常州市钟楼区永红派出所接到辖区内一家网吧工作人员的报警，称网吧内一男子全身僵硬，已经没有了呼吸。警方接警后迅速赶往现场，同时联系刑警队等部门赶往现场。在现场，民警发现该男子身体僵硬，瘫坐在20号机位上。很快，120急救人员赶到现场，发现这名男子已经没有生命迹象。随后,刑警赶到现场,经过法医初步鉴定,死者身上无外伤。民警调取了网吧内的视频资料,发现该男子于1月8日早上7点半左右来到网吧,他进入网吧,办理好手续后径直走到监控正中间的一个位置坐下开始上网,当时该男子的神情非常正常,步伐矫健。中午时分,他出去吃了顿饭。晚间男子在网吧叫了外卖,其间行为一直正常。1月9日零点左右,男子头部向后,靠在座椅背上,仿佛是在休息,直到凌晨1点半左右网吧工作人员巡查时喊了他几声没反应,人们才发现该男子已经没有了呼吸。民警调查后发现,该男子是网吧的常客,平时经常来上网。看上去身体很健康的一个人居然出现了这种意外,着实叫人们吃惊。

其次,网吧是一个是非之地,人员组成复杂,一旦情绪不能及时控制,很容易发生争执乃至大打出手,比如以下的案例:

广东省东莞市常平镇袁山贝村一男子在网吧被割喉的案件曾经引起轰动。据东莞时间网报道,事情发生在2015年7月5日早上7时许,通过网吧内的监控视频可看到,一名穿着白色短袖和黑色裤子的男子,将一把明晃晃的刀子藏在身后,不慌不忙地走到一个男子身后,左手抓住那个男子,右手持刀用力在其脖子处割了一下,随后把男子推倒在一边拔腿就跑。受伤男子的朋友见状立即追了出去。受伤男子全身瞬间被血浸透,他用手捂着脖子,慢慢地朝门口走去,最后倒在收银台附近。案例中的两个人都很年轻,仅仅是因为一些小的矛盾,最终酿成了这样一出惨剧。

因为沉迷于网络游戏而不能自已的事件在各地时有发生，为了玩游戏，有些人不顾时间、不顾地点，甚至不顾自己和他人的生命，真是可悲可叹！

五、没有免费的午餐

世上没有免费的午餐，大部分的网络游戏都是要收费的。例如《梦幻西游》，这是一款需要充值才能登录的网络游戏，玩家在游戏中的时间按照一定比例转换成点数，玩家要玩游戏，就必须买点卡，玩家在花钱上网的同时还要花钱买玩游戏的时间。这类

资料链接

腾讯是中国乃至世界市值最高的互联网公司之一，截至北京时间2017年5月17日下午，腾讯在电脑客户端游戏方面，实现了约141亿元人民币的收入，同比增长24%，这主要受益于《英雄联盟》《地下城与勇士》及《FIFA Online 3》等游戏收入的增加。付费用户渗透率实现同比增长。在智能手机游戏方面，腾讯实现了约129亿元人民币的收入，同比增长57%，这样的收入成绩主要受《王者荣耀》《穿越火线：枪战王者》及《龙之谷》等游戏的推动。腾讯在游戏收入方面主要依赖网络游戏。

消费是网络游戏的一种硬性收费,除非你选择不玩这款游戏。

《地下城与勇士》进入中国市场后,网络游戏运营商对其副本难度的调整和对顶级装备保有量的控制导致玩家没有快速通关的能力。在九年的时间里,游戏最高等级上限已经提升到了 90 级,而且开放了众多“职业”,但是每一次提升等级上限都需要玩家投入大量的时间与金钱。

据《生活报》报道,11 岁的小哲(化名)从 2017 年 2 月份开始,一直在玩《王者荣耀》《球球大作战》等手机网络游戏。短短两个多月,小哲共在游戏账户内充值近 3 万元,这些钱全部被他用于购买虚拟商品。他在其中为一款名为“球球大作战”的手游中充值了 17000 多元。小哲的妈妈张女士去银行取款,发现卡里的 3 万元存款只剩下 2023 元,这一事才曝光。小哲的妈妈没有工作,在家看管两个孩子,一家人生活比较拮据,这 3 万元是小哲的爸爸在外地打工几年攒的钱。游戏中,每当装备不足时,小哲自然而然地就会点击“充值”选项,因为只有不断地充值才可以把游戏继续玩下去,充值还能额外赠送武器,不断充值就能不断变强。就这样,几万元钱两天工夫就被他花得差不多了。

网络游戏吸金的手法多种多样,最常见的是抽奖系统,如《英雄联盟》当中的皮肤抽奖,通常每天有一次免费的抽奖机会,但仅靠免费的机会抽不齐所有的皮肤,那些特别精美的皮肤还是要靠花钱购买。这样的活动会让玩家感觉自己占了很大的便宜,而游戏运营公司也达到了圈钱吸金的目的。《英雄联盟》中的皮肤除了美观，其实对于竞技并没有什么影响，世界第一中单 Faker 就很少使用。

《英雄联盟》所带动的直播热，特别是这款游戏的“造星”能力，让人惊叹。早前一批《英雄联盟》游戏的职业玩家通过直播等活动，在二十出头的年纪就赚得千万年薪，这使众多的游戏玩家趋之若鹜，他们梦想着有一天自己也能成为千万富翁，梦想着有朝一日成为游戏界引人瞩目的明星。然而，这毕竟不太现实，天下没有免费的午餐，青少年一定要认清现实，不要等梦醒了两手空空才后悔莫及。

讨论问题

1. 网络游戏是利大于弊还是弊大于利？利具体指的是什么？弊具体指的又是什么？

2. 网络游戏靠什么手段吸引青少年？

3. 网络游戏能为青少年带来想要的未来吗？

第三章 网络沉迷的现状与成因

主题导航

1 何为网络沉迷

2 网络沉迷的社会因素

3 网络沉迷的个人因素

4 网络沉迷的家庭因素

互联网是一把双刃剑。网络技术的快速发展在促进青少年成长的同时，也带来了不少负面影响。网络沉迷已成为影响青少年身心健康不容忽视的问题，引发了社会各界的广泛关注，其中，玩网络游戏正逐渐成为导致网络沉迷的主要原因。然而，网络游戏真的只有坏处吗？面对社会上因为担忧“网络沉迷”而将网络游戏“妖魔化”的言论，我们该怎么做？相比一味跟风、横加指责，了解网络沉迷的特征、认清网络沉迷的本质原因，才是更好的办法。本章将描述网络沉迷者的行为特征、心路历程，分别从社会、个人和家庭角度分析青少年沉迷于网络游戏的原因。

第一节 何为网络沉迷

你知道吗？

心理学家和社会学家认为，游戏在儿童和青少年的日常生活中占据着相当重要的地位，是他们学会遵守社会规则、适应社会、实现社会化的重要方式；游戏还可以帮助他们调节情绪、增强想象力和创造力。美国多所大学的研究人员发现，玩网络游戏可以改善人类大脑的功能，不仅可以提升创造力、决策力和认知力，还能够增强外科医生的手眼协调性以及司机的夜间驾驶能力。研究显示，在不丧失准确度的情况下，玩动作类网络游戏的人的决策速度比其他人快25%；最熟练的玩家每秒钟最快可以做出6次选择并付诸实施，速度是普通人的4倍。美国罗切斯特大学的研究人员表示，熟练的游戏玩家可以同时关注6件事情而不至于混淆，多数人只能同时关注4件事情。

现代网络技术的发展使人机互动成为可能，并加速了它的发展。人机互动极大方便了人们的生活，丰富了人们的体验，但也有可能引发人们对它的依赖,从而导致网络沉迷。不同于对药物的生理依赖,网络沉迷是一种由人机互动引发的科技性沉迷。那么网络沉迷究竟是什么?有什么样的表现?又为什么会形成呢?

一、网络沉迷的起源

“网络沉迷”的提出是为了解释一种越来越普遍的网络使用失控行为。“网络沉迷”即我们通常所说的“网络成瘾”,它是一种因过度使用、误用或滥用网络所引发的深度着迷状态,通常伴随有难以抗拒、不断重复的再度使用的欲望,并导致个人社交与身心健康受到影响,出现为了上网而牺牲睡眠时间、耽误工作或忽视人际关系等问题。对网络沉迷的研究源于美国。1994 年,美国的精神病医生伊万・格登博格依据美国精神病学会关于药物依赖的诊断标准,宣布发现了一种新的心理障碍,并把它命名为“网络沉迷障碍”(Internet Addiction Disorder,简称 IAD)。1996 年,匹兹堡大学的金伯利・扬博士对此进行发展和完善,提出“病理性互联网使用”的概念。他根据“病理性赌博”的具体诊断标准,建构了诊断网络沉迷的具体指标,包括:

1. 是否沉迷于网络活动,下线后仍然想着上网时的情景或期待下一次上网?

2. 为了让自己满意,是否感觉需要延长上网时间?

3. 花在网络上的时间是否总是比预期的要长得多?

4. 想控制、减少或停止使用网络的努力是否一次又一次失败？

5. 减少或停止使用网络的时候，是否感觉沮丧或烦躁不安？

6. 是否因为使用网络而使自己的人际关系、工作、教育或就业受到影响？

7. 是否对家人、治疗医生或其他人隐瞒了自己对网络的真实着迷程度？

8. 是否将上网看作一种逃避问题或释放不良情绪（无助、内疚、焦虑、沮丧）的方式？[1]

如果被测试者对这些问题的肯定回答达到或超过五个，便可以诊断为网络沉迷，反之则是非网络沉迷。金伯利·扬博士很早就提出了“网络沉迷”的概念，并且在网络沉迷调查研究方面取得了丰硕成果，他提出的网络沉迷的诊断指标，也得到了社会各界广泛的认同和借鉴。然而，由于美国和中国的实际情况差异较大，因此并不能直接将它拿来作为我国网络沉迷者状况的研究依据。近几年来，我国不少专家学者开始针对我国青少年网络沉迷的现状、表现和成因进行研究，试图为青少年网络沉迷的防治提出建设性的意见。

2005 年开始，北京军区总医院（现已更名为中国人民解放军陆军总医院）中国青少年心理成长基地主任陶然教授带领其团队先后对 1200 位网络沉迷者进行了统计分析，并总结出网络沉

[1] Young K S. Internet Addiction: The emergence of a new disorder [J]. *Cyber Psychology & Behavior*, 1998, 1(3): 237–244.

资料链接

2004年，荷兰人凯特·巴克在阿姆斯特丹开办了欧洲首家网络及电子游戏瘾戒除诊所。创始人凯特·巴克曾是一名有11年吸毒史的“瘾君子”，他最初的目的并不是帮助人戒除网络及电子游戏上瘾症，而是“瘾君子”之间的互助。此后两年里，巴克迅速发展这一事业，聘请了20多名具备专业资质及多年治疗经验的人员尝试按照精神疾病的疗法来诊疗网络沉迷，首创了“电子鸦片”治疗方法。2006年7月，欧洲首家网络及电子游戏成瘾者住院治疗机构“史密斯与琼斯网络及电子游戏瘾戒除中心”在荷兰阿姆斯特丹市中心开始营业。

迷的9条诊断标准，包括：渴求症状；戒断症状；耐受性；难以停止上网；因上网而减少了其他兴趣；即使知道后果仍过度上网；向他人谎说实际上网的时间和费用；用上网来回避现实或缓解负面情绪；上网危害到友谊、工作、教育或就业等。[1] 陶然教授及其团队的研究具有很大的价值。事实上，无论国内还是国际上，对于“网络沉迷”的定义和“网络沉迷是否可以被诊断为一种精神疾病”的问题始终处于争论之中，并没有统一、确切的论述。2007

[1] 人民网.我国网瘾标准首获国际认可[EB/OL].2013. http://media.people.com.cn/n/2013/0717/c40606-22222942.html.

年 6 月 24 日，在美国医学会一场激烈的辩论之后，“电子游戏上瘾是一种精神疾病”的说法被专家们否定了。随后，美国医学会也拒绝向美国精神病学会推荐把网络沉迷列为正式的精神疾病。2009 年，有关部门在为《未成年人健康上网指导》征求意见时，否定了将“网络沉迷”作为临床诊断精神病的观点，认为目前“网络沉迷”定义不确切，不应以此界定不当使用网络会对人身体健康以及社会功能带来损害，认为网络沉迷只是网络使用不当的表现。

所以，虽然我们目前无法确定网络沉迷的医学定义，无法提出网络沉迷的严格判断标准，也无法认定它是否可以被列为一种精神疾病，但可以确定的是，网络沉迷是因为未正确使用网络而造成的“网络使用障碍”，如果不能对这种障碍加以密切关注和正确引导，将会有更多青少年沉迷其中，身心健康受到影响。

二、我国青少年网络沉迷现状

据《陕西日报》报道，有一位名叫小奇（化名）的 14 岁男孩，家住西安，曾经是一位品学兼优的学生。在学校时，他刻苦学习，和老师同学相处融洽；在家和父母相处亦是其乐融融，经常帮忙做家务，和父母无话不谈。一次课间休息时，他见班上几个同学在一起开心地讨论网络游戏，便上前听了听，同学们热情地向他推荐了一款好玩的游戏。回家后，小奇按捺不住好奇心，打开电脑玩了这款游戏，才发现原来游戏真如同学们所说的这么有趣。渐渐地，网络游戏成了他生活的重心，课堂上，他不能集中注意力听课，经常沉迷于各种游戏情节之中，晚上躺在床上，也久久睡不着觉，满脑子都是白天玩过的游戏的画面。一段时间后，小奇发现班上很多同学都在玩这款游戏，于是大家在课外有了更多的共同语言，但同时他也发现，自己从几天玩一次游戏慢慢变成每天都想玩游戏，坐在电脑前的时间越来越长，而花在学习上的时间似乎变少了，和父母的沟通似乎也变少了……

案例中的小奇和很多青少年一样，他们从接触网络游戏、玩网络游戏再到被网络游戏深深吸引，经历了一个从新奇到热爱，由量变到质变的过程。我们不禁要问，当今社会真的有这么多青少年在接触网络游戏吗？一旦接触，真的会变得无法自拔，陷于网络沉迷吗？

据中国互联网络信息中心（CNNIC）发布的《2015 年中国青少年上网行为研究报告》显示，截至 2015 年 12 月，青少年对网络游戏的总体使用率为 66.5%，高出网民总体使用率（56.9%）9.6 个百分点。中学生的网络游戏使用率最高，占比达到 70%，小学生的网络游戏使用率为 66.3%，大学生的网络游戏使用率低于中小学生，为 66.1%。这说明，随着我国网络技术的快速发展，互联网普及率的不断攀升，青少年成为使用网络的一大主力，在青少年所青睐的众多娱乐类网络应用中，网络游戏最受欢迎。由此可见，玩网络游戏已经成为青少年上网的主要目的。青少年陷于网络沉迷的最主要表现就是沉迷于网络游戏不可自拔。

当今的网络游戏为人们创造了一个开放、自由、匿名、互动的虚实交织的想象世界,充满挑战性和刺激性的游戏情节吸引着越来越多的人,尤其是青少年,他们投身其中,尽情享受网络游戏带来的快乐。如果过多贪恋这种“快乐”,以至于不能理智地控制自己,就会导致网络沉迷。

三、网络沉迷的行为倾向

据《楚天金报》报道,家住武汉的陈女士有一天买完菜回家时,忽然发现前方路边有一群人围成一圈,正在你一言我一语地议论。她拨开人群一看,是一个昏倒在地的孩子,再仔细一看,竟然是自己12岁的儿子小乐(化名)。陈女士吓坏了,惊慌失措地托人找车,将小乐送往医院。医生检查后发现孩子血压很低,立即为他输氧和输液。半小时后,小乐终于苏醒了。原来,小乐是家里的独子,一家人都非常宠爱他,平时给他很多零花钱。小乐自从接触网络游戏后,就变得一发不可收拾,家里人也很少阻拦他。自放暑假之后,小乐每天都泡在网吧玩游戏。前一天晚上,小乐在网吧玩到快凌晨才回家,一直睡到中午才起床,随便吃了点午饭后,又去网吧接着玩。下午4时,小乐觉得头有点昏,眼睛发花,就离开网吧想回家休息。结果还没到家门口,就一头昏倒在路边,不省人事,幸好被买菜回家的陈女士及时发现,才没耽误救治。医生说，小乐并无大碍，昏倒主要是因为饥饿和疲劳。另外，网吧里空气不流通也会让人感到身体不适。听完医生的解释，陈女士顿时明白了，心里懊悔不已。

近年来，类似的案例越来越多，一部分青少年被网络游戏带来的虚拟的快乐所吸引，在这上面花费了大量的时间和精力，由于不能有效控制自己的行为，又缺乏家长的教育和约束，从而逐渐沉迷于网络游戏，导致身心健康受到影响。

过去的研究证明，如果把青少年使用网络的目的划分为娱乐性目的（以玩网络游戏、聊天交友、看电视、听音乐等为主）和实用性目的（以获取信息、学习等为主）两类，而把使用网络的青少年群体依据其网络沉迷的程度划分成网络沉迷群体和非网络沉迷群体，可以发现，网络沉迷群体使用网络的目的主要为娱乐，非网络沉迷群体使用网络的目的主要为实用性目的。还有一类群体，介于网络沉迷群体和非网络沉迷群体之间，显示出沉迷于网络的倾向，他们的网络使用兼有娱乐性目的和实用性目的。在各种娱乐性使用的目的中，网络游戏正逐渐成为青少年网络沉迷行为的主要表现。沉迷于网络游戏的青少年往往会出现以下倾向：

第一，玩网络游戏的时间越来越长，频率越来越高，利用一切可能的时间玩游戏；第二，脑中常浮现游戏画面，对其他事物失去兴趣，做其他事情时不能集中注意力；第三，知道沉迷于游戏是一件不好的事情，也努力想要改变自己，但不能成功；第四，为了尽可能多地玩游戏，放弃休息时间，身体健康受到一定程度的影响；

第五,慢慢放弃改变自己,经常因为玩游戏和家人产生冲突而导致不愉快。

那么,网络游戏是否真的具有魔力,能改变人的行为倾向,让人一接触就立即沉迷呢?其实不是这样。生活中,很多青少年往往是抱着获取信息等实用性的目的上网,然而一旦进入纷繁复杂、能满足人们多重需要的网络世界,其实际网络行为往往会偏离最初的上网动机,而不由自主地转向游戏等具有娱乐性的网络行为。青少年对网络游戏的沉迷是一个渐进的过程,他们的心态也非常矛盾,从最初接触到最终沉迷,其间可能经历过痛苦、挣扎、抗拒和反复,他们可能早就意识到沉迷于游戏是一种不健康的行为,但是没有办法控制自己。一方面,他们陶醉于网络游戏所带来的快乐;另一方面,也因为自己沉溺于其中而深深自责和担忧。他们对家长的指责和约束感到反感,甚至经常因为玩游戏而与父母发生争执,其实心中却又怕家长为自己担忧、对自己失望,于是向家长隐瞒自己玩游戏的真实情况。所以,我们不要一味地责备沉迷于网络的青少年,而要想办法走进他们的内心世界,从心理上了解、关心和引导、帮助他们。

四、一名网络沉迷者的心路历程

媒体曾报道过一位沉迷于网络的青少年的心路历程,下面是他的自白:

2015年6月，我将重返高考考场，圆我的大学梦。在此前两年的时间里，我是一个沉迷于网络游戏无法自拔的少年，我从一个品学兼优的学生沦落为“游戏人生”的高考落榜者，甚至一度离家出走。在经历了无数次的反复后，我终于变得理智，最终战胜了心魔，从网络沉迷的泥潭中走了出来，获得了久违的轻松。

最开始的时候，我并不想接触网络游戏，但几个好朋友硬要拉我去网吧一起玩，碍于情面，我开了个账号陪他们，可没想到我被游戏迷住了，还在游戏世界里结识了很多新朋友。生活中遭遇的挫折使我愈加迷恋游戏中的美好世界，想要从现实中逃离。从不想接触到欲罢不能，再到废寝忘食，整个过程只有短短的两个月。见我在网络游戏的虚拟世界里越陷越深，父母软硬兼施，希望我能悬崖勒马，我自己也感受到深深的无奈和愧疚，可是每当我想克制自己时，却发现想玩游戏的欲望就像一颗有魔力的种子，已然深埋于土地、生根发芽、破土而出，它的藤叶将我紧紧缠住，使我无法呼吸，而我还在不断地为它提供营养，助它日益成长。高考在即，而我的成绩却一落千丈，我很清楚这样下去对自己危害极大，于是想尽办法试图戒掉游戏，几次都失败了。于是，我一度自暴自弃，觉得自己根本不可能摆脱网络游戏，竟然还萌生了顺其自然，将游戏进行到底的想法。

直到有一天，我看到了一则新闻报道——一位少年因沉迷于网络游戏而陷入无尽的迷茫和自责中，最终因为不想让老师和父母对自己更加失望，他留下一封遗书，结束了自己的生命。他在结尾处写道:“如果有来世,我一定要做一个最好的孩子!”这个少年的悲剧,让我非常震撼,我决定向自己宣战,我向爸爸妈妈提出想要复读一年,重新参加高考的想法。我给自己立下了规定:玩游戏的频率从一周两三次渐渐递减,直到每周一次。我还经常去书店和图书馆,看了不少书,增加了体育运动的时间,让自己转移兴趣,分散注意力。经过两个月的努力,我发现自己基本控制了想要玩网络游戏的欲望,我对人生又充满了信心和希望。

这段自白让我们看到了一个青少年从被玩网络游戏的欲望吞噬到最终战胜心魔、克制欲望的心理过程。我们感受到了他贪恋网络游戏的虚拟美好,逃避现实世界的心理需求,以及试图反抗、冲破欲望的枷锁而又不能成功所带来的矛盾和自责。“需求”和“欲望”就像两个牢笼,使许多爱上网络游戏又无法理智对待的青少年困于其中,他们屡次想要冲破牢笼的束缚,却撞得头破血流。

1943 年,美国心理学家亚伯拉罕·马斯洛将人类的需求分成像阶梯一样从低到高的五种层次,分别是:生理需求、安全需求、社交需求、尊重需求和自我实现需求。一般来说,某一层次的需求相对满足了,人就会追求更高层次的需求。如今的青少年,生长在和平、发展的年代,社会的庇护、家庭的宠爱,让他们不用担心基本的生理需求,从而转向更高层次需求的满足。沉迷于网络游戏,便是追求更高层次需求的表现,具体分析如下:

第一,虽然物质生活高枕无忧,但现实中偶尔的挫折和失败会让他们失去安全感,而网络游戏中体验到的成功和快乐能让他们暂时逃离现实中的失落感,在一定程度上帮助他们满足安全需求。

第二,现在的青少年大部分是独生子女,家庭的万千宠爱使他们的人际交往范围缩小,他们不擅长与他人相处,而网络游戏里的高度互动,让他们结识到许多志同道合的朋友,满足了他们的社交需求。

第三,网络游戏的对现实的还原能够满足青少年对权力和地位的渴望,装备的升级、游戏的胜利、其他玩家的夸赞,使他们觉得自己获得了朋友的羡慕和尊重,从而满足了尊重和自我实现的需求。

如果在网络游戏的虚拟世界中青少年能够满足自身各个层次的需求,塑造一个理想的自我,实现理想,那么他们将非常乐意把网络游戏看作"自我实现场所"。对网络游戏沉迷者来说,网络游戏更像是他们生活的另一重空间,他们在其中重新构建自我,将网络游戏视为一个表达自我与重塑自我的场域,从而逐渐沉迷其中。

钱锺书先生在《围城》中有这样一段关于吃葡萄的文字:"天下只有两种人。比如一串葡萄到手,一种人挑最好的先吃,另一种人把最好的留到最后吃。照例第一种人应该乐观,因为他每吃一颗都是吃剩的葡萄里最好的;第二种人应该悲观,因为他每吃一颗都是吃剩的葡萄里最坏的。不过事实上适得其反,缘故是第二种人还有希望,第一种人只有回忆。"

你是哪种人呢?你会满足欲望、及时享乐,把好的葡萄挑选出来吃掉,然后活在美好的回忆里,还是克制欲望、先苦后甜,最后吃最好的葡萄,然后活在希望和憧憬里?不同的人选择也不一样,而不一样的选择则显示出他们面对欲望时大相径庭的心理反应。其实,反而后一种人往往不能克制自己的欲望,不能忍受延迟满足,他们必须即刻体验满足感和快乐,即使这样做有可能透支自己的未来。

控制不住的欲望也是导致青少年沉迷于网络游戏的重要因素。克制欲望就是尽可能地延迟满足。所谓延迟满足,就是我们平常所说的“忍耐”—— 为了追求更大的目标,获得更大的享受,克制自己的欲望,放弃眼前的诱惑。许多沉迷于网络游戏的青少年尝到了网络游戏带来的快乐和满足感后,便沉迷其中,一旦萌生想要玩游戏的欲望,便克制不住,总想着“再玩一盘就学习”“这盘玩完了就休息”,可他们控制不住自己在键盘和鼠标上不断敲击的手指,既耽误了学习,又影响了生活,最后只能一边后悔懊恼,一边却在游戏中越陷越深。然而,以追求更好的生活为目标,认清网络游戏的虚拟本质,尝试用各种办法克制欲望、不沉迷其中,才是更加明智的选择。正如“延迟满足”实验中,有些孩子为了获得更多的奖励,选择用捂住眼睛、转过身体、踢桌子、拉辫子以及用手去打棉花糖等方式,以达到克制欲望、延迟满足的目标。研究人员在十几年以后再考察那些孩子的表现,发现那些能够为获得更多的棉花糖而克制欲望的孩子要比那些缺乏耐心、克制不住欲望的孩子更容易获得成功,他们的学习成绩要相对好一些。在后来几十年的跟踪观察中研究人员还发现,能克制欲望的孩子在事业上的表现也较为出色。也就是说,延迟满足能力越

资料链接

20世纪60年代，美国斯坦福大学心理学教授沃尔特·米歇尔设计了一个著名的“延迟满足”实验。研究人员从一所幼儿园里找来数十名儿童，让他们每人单独待在一个小房间里，桌上的托盘里放有他们爱吃的棉花糖、曲奇或饼干棒，研究人员告诉他们可以马上吃掉棉花糖，但如果等研究人员回来时再吃，则可以再得到一颗棉花糖作为奖励。他们还可以按响桌子上的铃，研究人员便会马上返回。实验过程中，有的孩子为了不去看诱人的棉花糖而捂住眼睛或转过身体，还有一些孩子做出了一些小动作——踢桌子、拉辫子、用手打棉花糖。结果大多数的孩子坚持不到三分钟就放弃了。一些孩子甚至没有按铃就直接把糖吃掉了，另一些则盯着棉花糖，半分钟后按了铃。大约三分之一的孩子成功延迟了自己对棉花糖的欲望，他们等到研究人员回来，中间差不多有15分钟的时间。

强，越容易取得成功。

当然，“延迟满足”不是单纯地让青少年无尽地等待，也不是让青少年一味地压制欲望，更不是让青少年的人生“只经历风雨而不见彩虹”，说到底，它是一种克制当前欲望、克服当前困境而力求获得长远利益的能力。面对网络游戏的无穷诱惑，青少年应该学习克制自己的欲望，放弃眼前的诱惑，不断激励自己积极进取。

第二节 网络沉迷的社会因素

你知道吗？

一名生活在菲律宾曼达韦市的12岁男孩和他的两个伙伴在一片空地上拾荒时发现了一个不明物体，聪明的男孩很快认出这一物体与自己在网络游戏中所见到的爆炸物很像，并及时向伙伴们发出了警告，挽救了大家的生命。随后，男孩和他的伙伴们又将此事告诉了居住在附近的人们。政府工作人员赶到现场后，在空地上又找到了更多的爆炸物。

一名12岁的挪威男孩和妹妹在森林中漫步时无意踏入驼鹿的领域，惹怒了一头体形巨大的驼鹿。情况非常危急的时候，他想起自己在网络游戏中的战斗技巧——他首先用“嘲讽”的办法激怒驼鹿，让它把目标转移到自己身上，好让妹妹安全逃离。然后又使用另一招“装死”，使驼鹿对他失去了兴趣，走回森林中。男孩利用他在游戏中学到的技能挽救了自己和妹妹的生命。

游戏是一种古老的活动。对动物而言，它是训练捕食、竞争等基本生存技能的重要方式。人类在保留了游戏作为动物活动的基本特征以外，还根据自身需要，开发了各种形式丰富、功能强大的游戏。网络时代的游戏具有两面性，是否有益于青少年的成长，取决于他们对待游戏的态度和方式，“不加鉴别地否定”和“不受控制地沉迷”是两个误区。面对各种社会上的诱惑，青少年要正确、理智地判断，避免沉迷于网络游戏中。

一、密布街头的网吧

古有“孟母三迁”美谈，在今天的羊城，也有这样一位母亲。据《广州日报》报道，一位母亲曾先后三次在外面租房给儿子住，只为使儿子远离网吧。但母亲的苦心却得不到丝毫回报，眼看着已经19岁的儿子小明（化名）在无边的网络世界里不断沉迷下去，母亲焦急万分。小明的父母来到广州已经有十年，在火车站一家服装档口打工，母亲每天下班赶回家，第一件事就是到网吧找儿子。小明来广州有五六年了，两年前在一所技校就读电梯专业，但只读一年多就辍学了，原因是不知从什么时候开始，小明迷上了网络游戏，晚上泡在网吧里，白天在课堂上打瞌睡，最后被学校开除。此后，小明更加一发不可收拾，有一次他离家整整20多天，母亲找遍了附近所有的网吧都没有找到。小明辍学后，父亲便不再给他零花钱，以为可以借此逼他找工作。没想到小明开始偷偷卖家里的东西以换钱来上网。

小明大约1.8米高，体重却不到50公斤，羸弱苍白得似乎随时会被风刮倒，他说话时轻声细语，不太愿意与人交流，只有聊到他最喜欢的网络游戏时，才能打开他的话匣子。他说他最开始时其实不怎么喜欢去网吧，后来感觉在家里很没意思、很孤独，不知和谁说话，倒不如去网吧看网络小说、玩网络游戏。小明觉得除了泡网吧，不知道还有什么其他事可做。他最怀念的是在技校实习的那段时间，跟一帮同学一起上下班，有说有笑，什么都可以聊，还可以和同学们一起去网吧玩耍。辍学以后，小明和以前的同学再也没有联系。每当想到母亲为自己做的一切，小明就非常惭愧。

可以看出，小明之所以天天去网吧，主要是因为他对家庭产生了厌倦、抗拒的情绪，但又暂时找不到其他寄托，所以将网吧看作逃避现实的场所，通过在网吧里玩网络游戏和看小说来逃避成长，这与父母和孩子之间缺乏有效的沟通有很大关系。从小明对母亲的态度可以看出，他并不是无药可救的孩子，只是他正处于成长的十字路口，如果能正确引导，就能把他拉回到正轨，帮助他勇敢面对生活，如果引导不好，很可能会将他推向另一个极端。

我国的网吧形成于 20 世纪末，一出现就受到了年轻人的追捧，短短几年时间，全国各地网吧数量迅速增加。随着硬件设备升级、网络使用成本降低和网络游戏业的快速发展，网吧不仅成为上网娱乐的场所，更摇身一变成为游戏场馆。网吧的出现和发展，为青少年了解网络、拓宽视野提供了便利，但部分网吧经营混乱，不仅场所内张贴着不利于青少年健康成长的海报，网吧管理人员还鼓动青少年甚至到网吧消费。社会上频繁出现的和上述案例中描述的类似的“泡在网吧不回家”“父母到网吧找孩子”的事使很多家长和老师对网吧深恶痛绝。在国外，甚至有媒体认为，网吧已经成为21世纪的“大烟馆”，它引诱青少年不分昼夜地沉迷于网络游戏，而无视自己的健康和肩负的责任。

家庭、学校和网吧是目前青少年使用网络的三个主要场所。截至2015年12月，青少年在家里通过电脑接入互联网的比例最高，达到89.9%；在学校通过电脑接入互联网的比例为25.5%；在网吧通过电脑接入互联网的比例为24.2%。[1]这说明，随着家庭网络普及率

资料链接

1994年9月，正在英国伦敦大学攻读认知心理学博士学位的波兰姑娘爱娃·帕斯科和她的朋友在伦敦西区开设了世界上第一家网吧Cyberia。1996年5月，中国第一家网吧威盖特在上海出现。1996年11月，北京首体实华开网络咖啡屋开张，这是中国第一家网咖。2002年6月，“蓝极速网吧事件”促使国家加强了对网吧的监管力度，出台了《互联网上网服务营业场所管理条例》，促进网吧有序发展。2006年12月，上海第一家民营连锁网吧世众网络联盟正式成立。

---

[1] 中国互联网络信息中心. 2015年中国青少年上网行为研究报告[R]. 2016.

的提升和学校教育信息化的推进，青少年通过网吧接入互联网的比例正逐渐下降。可为什么青少年在网吧沉迷于网络游戏的案例仍不断出现？青少年如此热衷于在网吧玩网络游戏，到底是为什么？

资料链接

据中国宽带发展联盟发布的《2017年第三季度中国宽带普及状况报告》显示，截至2017年第三季度，我国固定宽带家庭用户数累计达到32115.7万户（不包含企业固定宽带接入用户及互联网专线接入用户），全国固定宽带家庭普及率为72.5%。我国移动宽带（3G和4G）用户数累计达到113769.9万户，全国移动宽带用户普及率为82.3%。

对网络游戏沉迷者来说，网吧是一条能快速通向虚拟世界的通道。在这个公共空间与私人空间相融合、真实和虚拟相交织的地方，青少年可以挣脱地理、家庭乃至心灵的束缚，自由翱翔。青少年在网吧玩网络游戏时，能获得与在家庭和学校中截然不同的体验，能够忘却生活中的烦恼、寂寞，在逃避现实的过程中获得情感上的满足；能够和志同道合的人交朋友、一起打游戏，在互动氛围中收获无限乐趣；能够尽情操控、主宰游戏中人物的命运，在取得胜利时构建自我认同。再加上先进的硬件配置、低廉的价格，网吧与网络游戏便成为一对“最佳拍档”。网络游戏吸引着青少年到网吧消费，而网吧则成为青少年玩网络游戏的最佳场所，使青少年流连忘返。因此，在家庭和学校互联网普及率不断上升的今天，网吧仍然成为网络游戏沉迷者的主要选择。

二、无孔不入的广告

据《扬子晚报》报道，家住河北邢台的小东（化名）今年12岁，在一所初中念一年级。小东在小学五年级时经同学推荐接触了某款网络游戏，起初并不痴迷，但一年后情况就变了。他每天回家第一件事就是打开电脑，而且不仅在电脑上玩游戏，还经常用手机玩。父母喊他吃饭他也不听，一直坐在椅子上盯着屏幕，手指不停地在鼠标和键盘上跳动，每天晚上不到两点不睡觉。到了周末和寒暑假，小东更是从早玩到晚，每天只睡四五个小时，其他时间基本都献给了游戏。据小东本人回忆，他的改变源自一次偶然。一天，他打开游戏界面时，发现他最喜欢的一个女明星竟然代言了这款游戏，还在自己的微博上向粉丝推荐，很多喜欢该女明星的粉丝纷纷留言，表示会支持自己偶像代言的游戏。这让小东非常激动，他以前只觉得这款游戏很好玩，没想到自己的偶像代言了它，于是，玩得越发投入，还经常到明星的微博下和其他粉丝互动。

然而事情并没有就此结束。一天，小东在和同学聊游戏的时候，听到有个同学说现在很多游戏主播都在网上直播自己打游戏的实况，这些主播有的是人气颇高的游戏高手，有的是粉丝众多的游戏爱好者，许多观看游戏直播的人会在平台上给主播送一些“礼物”，鼓励他们继续分享游戏经验。回家后，小东拿了父母的手机，看起了直播，他发现有一个叫 Alice 的主播不仅打游戏水平一流，而且人长得漂亮、声音甜美，在直播这款游戏实况时还会给大家唱唱歌、讲小故事，并推荐其他小游戏，人气特别高。后来，小东成了这个主播的忠实粉丝，看到其他粉丝不断地给主播打赏，小东也按捺不住。可是他只是个学生，没有那样的经济能力。为了表示自己对主播的支持，小东把自己多年积攒的压岁钱用完后，还弄到了父母手机的支付密码，偷偷给主播打赏了一些礼物。起初只是一些小的打赏，慢慢地，小东变得“豪爽”起来，“礼物”越送越多，直到有一天被父母发现。父母原以为小东只是沉迷于打游戏，没想到他竟然还偷拿家里的钱，在游戏世界里越陷越深。小东却觉得无论是打游戏还是看直播，都只是支持偶像的一种方式而已，面对父母的批评，他觉得很委屈。父母没收手机后，他更是对父母说，自己今后再也不看直播了，于是他又回到了电脑桌前，开始了从早到晚打游戏的日子。

在这个案例中，小东对网络游戏原本没有那么痴迷，但看到自己喜欢的明星代言游戏后，便有了更大的动力，开始沉迷于网络游戏。接触游戏直播后，又从单纯的沉迷于游戏，发展到偷拿家里的钱来打赏主播。小东的思想和行为已经因为游戏而出现了道德层面上的偏差。然而，小东却觉得自己只是在“支持偶像”，而没有认识到自己已经沉迷于游戏，并且越陷越深，最终失去了理智。

小东的案例让我们看到了网络游戏中的“偶像力量”。邀请当红明星代言游戏、鼓励游戏主播推荐游戏已成为游戏公司普遍的宣传方式。随着PC端游戏和手机游戏的发展,我国网络游戏市场的规模正不断扩大,网络游戏行业的竞争也日益激烈,游戏宣传成为除游戏开发以外的另一个重要环节,宣传的优劣直接影响一款游戏能否尽可能多地吸引玩家,从众多游戏中脱颖而出。试想一下,如果你是一个玩家,会从什么渠道获得游戏的相关信息,又会因为什么原因而选择这款游戏呢?是朋友的推荐、搜索引擎的搜索、社交软件的推送,还是明星和“网红”代言的广告?

在游戏开发和发展过程中,游戏广告宣传是必不可少的环节。游戏开发商为了营利,将还没有形成准确思想判断力和行为自律能力的青少年看作主要目标群体之一,通过无孔不入的宣传吸引青少年的注意。在网吧带动网络游戏蓬勃发展的年代,游戏开发商将网吧作为宣传前线,通常通过在网吧张贴海报、播放游戏画面等方式,向经常出入网吧的青少年进行宣传。随着个人电脑的

据《2017年中国网络游戏行业研究报告》显示,2016年,中国以1789亿人民币的市场规模首次超越美国,成为全球最大的游戏市场。其中,移动端游戏占比首次超过PC游戏,网络游戏市场从PC端逐渐向移动端转移。

普及，网吧的宣传效果受到影响，于是游戏开发商转而斥巨资投放广告、举办线下游戏交流会和重点城市的游戏竞赛。一些有实力的开发商看中了青少年对偶像的热衷，邀请明星和草根网络红人代言游戏，以增加游戏的知名度。互联网的发展使游戏宣传又有了新的尝试——将电视、电影改编成游戏，或将游戏改拍成电影、电视，既可以增加电视收视率、电影票房，也可以使游戏更具吸引力和影响力。网络游戏与电影、电视这种"一箭双雕"式的发展，为网络游戏起到了更好的宣传作用。青少年面对游戏开发商层出不穷的广告宣传手段，难免动摇，一些缺乏自制力的青少年正是在这些无孔不入的广告的宣传下像案例中的小东一样，走进网吧、走入游戏，走上了游戏沉迷之路。

三、如影随形的手游

据《南国早报》报道，广西南宁一位名叫小勇（化名）的中学生因为丢了手机，居然两天不吃不喝，他爸爸妈妈怎么劝都没有用，连答应立刻给他买一部更新潮、更高端的手机也不起作用。小勇一直说他的手机中有他这几年战队队友的联系方式，这下子全没了，那是十部、二十部手机都补不回来的东西。小勇一边说一边哭。自从丢了手机，小勇就像丢了魂一样，好长时间都恢复不了，把他爸爸妈妈都愁死了。

手机是人类的一大发明，它的运用范围之广是前所未有的。

现代人已经离不开手机了。因此，传媒界将手机称为“影子媒体”，它如影随形，成为不少现代人最忠实的“伴侣”。

1876年3月10日，贝尔做实验的时候，不小心把硫酸溅到了自己的腿上。他疼得对另一个房间的同事喊道：“沃森先生，快来帮我啊！”这句话通过实验室中的电话传到了在另一个房间的沃森的耳里，成为人类通过电话传送的第一句话。从最初的电话到今天的4G手机，这中间经历了巨大的发展过程。4G是第四代移动通信及其技术的简称，能够传输高质量的视频图像，除了电话功能外，还包含了PDA、游戏机、MP3、照相、录音、摄像、定位等更多功能，特别是游戏机功能，为人们玩游戏提供了最好的平台。

从2004年到2016年，手机游戏市场规模已经从几十亿元发展到1000多亿元，仅次于客户端网游和网页游戏。盛大游戏、腾讯、阿里巴巴等业界巨头已经高调进军手机游戏行业，准备在手机游戏这个行业中大赚一笔。

从《贪吃蛇》到《俄罗斯方块》，从《倩女幽魂》到《天龙八部》，只要电脑上能玩的，手机上也一定可以玩。随着手机游戏市场的不断扩大，各大运营平台先后都推出了手机游戏盒子。游戏盒子收集了市面上比较热门的游戏，包括手机网游和单机游戏。每家运营平台的游戏盒子里包含的游戏都有上万款，而且每个运营商还会根据最新资讯及时添加新游戏，给予了玩家极具吸引力的游戏享受。

这么宏大的手机游戏盛宴，让人们应接不暇。有玩不完的游戏，却没有用不完的时间，因此，大家争分夺秒玩游戏，在车站的候车室、售票厅，在医院的候诊室、银行、饭店、超市，只要有一点时间，大家都在玩游戏。一个新的族群——“低头族”应运而生。

低头族的主力是青少年，他们年轻有热情、有活力，但缺乏自制力，在手机游戏强烈的诱惑之下，许多青少年被游戏迷得神魂颠倒、不分日夜。

四、“读书无用论”的误区

据《长沙晚报》报道，一位 16 岁的叫伟明（化名）的男孩从 12 岁开始就接触网络游戏，在父母的唠叨和学习的压力下断断续续玩了 4 年，游戏等级和装备一般，成绩也上不去。伟明对学习没什么兴趣，总觉得自己不是学习的料，再怎么努力也不可能在学业上出类拔萃。伟明最大的爱好就是玩游戏，他一直认为自己是天生的游戏高手，如果不是因为每天受到父母的管束，又被沉重的课业压得喘不过气来，他一定能比身边很多玩游戏的同学都要厉害。可如今无论是在学习还是在游戏上，他都没有什么值得骄傲的地方，这让他觉得自己很平庸。父母为他的学业操心，担心他考不上大学。伟明备受煎熬，拿不出手的成绩让他时常想要放弃，充满诱惑的游戏又总令他魂牵梦绕，他觉得再这样下去，自己将会一事无成。

一天，伟明在网上看到一则新闻，说一位叫小新（化名）的 12

岁江西男孩因擅长打某款游戏获得了很高的游戏级别和荣誉，进而受到某游戏直播平台的青睐，他的游戏直播平均每日吸引 5 万至 6 万人在线上收看，月收入高达 3 万元人民币，男孩的母亲为他办了退学手续，让其专注于游戏。这个消息就像一缕星火，让伟明枯萎的心重新燃起了希望，他本就觉得学习好不好没那么重要，还不如专注于爱好，发展出一技之长，即使不学习，将来也能在社会上立足。伟明想起网上还有很多关于青少年在电子竞技比赛中取得名次，获得巨额奖金的消息，更加坚定了自己的想法。于是，伟明去找父母“谈判”，提出想放弃学习，专心打游戏，参加电子竞技比赛的想法，他希望父母能像小新的母亲一样开明，支持自己的决定。可是，伟明的父母觉得他异想天开，他们认为打游戏完全是不务正业的行为，甚至是“歪门邪道”，只有好好学习才能获得成功。伟明和父母产生了巨大的分歧，双方围绕“读书无用”和“游戏害人”争论不休。伟明认为父母思想落后、顽固，与时代脱节；父母则认为伟明幼稚、荒谬，被游戏迷晕了头。“这个时代已经变了！读书有什么用？说不定还没有打游戏挣的钱多！”伟明生气地对父母喊出这句话，迎来的却是父亲的一顿痛骂。

小新打游戏月入 3 万的消息曾引起社会的广泛关注，不少人质疑小新母亲的教育理念，认为她不应该只看到“月入 3 万”，而让 12 岁的小新退学，从事游戏行业，进而误导其他家长和更多的青少年。也有一些人因此对现行教育进行了反思，学习是否真的那么有用？学习成绩的好坏是判定人成功与否的唯一标准吗？上述案例中的伟明就进入了一个误区。其实伟明并不是一个游戏人生而没有进取心的孩子，他渴望成功，只是他认为学习用处有限，游戏也能让一个人成功，而伟明的父母望子成龙，希望伟明通过学习改变人生，因此双方产生了分歧。

“电子竞技”是近年来非常火爆的概念，国际上经常举办电子竞技的重大赛事。2003 年，电子竞技经体育总局批准成为我国正式的体育竞赛项目。2016 年 9 月，“电子竞技运动与管理”专业成为教育部公布的 13 个增补专业之一，一时间，各大院校纷纷开设电子竞技专业。于是，社会上又出现了这样一种声音：“参加电子竞技比赛也能帮助青少年走向人生巅峰，所以可以不学习。”“打游戏一样能上大学，干吗还要那么辛苦地学习文化知识？”

“成功”是一个复杂的概念，不同的人对成功的定义不同，成功也没有固定的标准。我们暂且抛开“打游戏是否能

资料链接

2016 年 8 月，内蒙古锡林郭勒职业学院设立了全国首个电子竞技专业课程，教学目标是培养职业运动员。2017 年年初，中国传媒大学开设电子竞技专业，旨在培养电子竞技管理与游戏策划方面的人才。

2017 年阿什哈巴德亚洲室内及武术运动会、2018 年雅加达亚运会和 2022 年杭州亚运会相继将电子竞技纳入正式比赛项目。

促使人成功”的争论,来思考以下几个问题:

1. 游戏改变人生的案例是特殊的还是普遍的,是大部分人都能做到的吗?

2. 沉迷于游戏的青少年,玩游戏的目的都是为了改变人生吗?

3. 优秀玩家通过参加电子竞技比赛能获得荣誉和奖励,这样他们就可以不用学习了吗?

4. 游戏和电子竞技是两个完全相等的概念吗?

事实上,电子竞技比赛不只是“单纯地玩玩”,而是将网络游戏提高了一个层次,电子竞技的目的是锻炼和提高参与者的思维能力、反应能力、协调能力和意志力,培养团队精神。我们承认游戏并非完全是害人的,鼓励和倡导青少年在成长过程中正确对待游戏、参与电子竞技,但这并不意味着读书无用。青少年在任何时候都需要学习科学文化知识,培养正确的思维模式,形成良好的人生观和价值观,不应该片面地理解游戏与学习、游戏与竞技的关系,走入“读书无用论”的误区,并将它作为逃避现实、沉迷于游戏的借口。

五、游戏交友的成长环境

据长江网报道,才才(化名)今年9岁,在武汉一所小学念三年级。才才的父母长年经商,陪伴他的时间很少,忙的时候就买一堆零食放在家里,让他自己吃。周末的时候,也很少带他出去玩。所以才才从小性格比较内向，从幼儿园到小学，他在班里都不爱说话，也没什么朋友。班上同学都觉得他性格古怪，他们不知道，其实才才内心非常渴望和他们交朋友，只是他一个人孤单惯了，不知道用什么方式才能融入集体中。

一天上课的时候，才才的同桌在书本里夹了东西偷偷地看，突然东西滑落到了才才的脚下，他捡起东西还给同桌，发现那是一本游戏宣传册。同桌红着脸对他道谢，并问他想不想一起玩，他刚想拒绝，可想到这也许是一个交朋友的好机会，于是同意了。放学后，同桌果然叫住了他，邀请他和其他同学一起去网吧打游戏。此时他又犹豫了，他不知道到底该不该因为不想成为同学眼中的“另类”而和同学一起去打游戏，毕竟游戏并不是他的爱好。同桌告诉才才，自己以前也不玩游戏，可是身边几个好哥们都在玩，后来好哥们叫他一起玩，他不好意思拒绝，才玩起了游戏，结果发现游戏真的很有趣，在其中可以交到很多好朋友。于是，才才在同桌的劝说下来到网吧，其他同学见到他都非常惊讶，他羞涩而坦诚地说自己不会玩游戏，没想到同学们热情地教他玩，这让他很感动。和同学们玩了几次游戏后，才才觉得打游戏比自己一个人闷在家里好多了，其他同学在和他相处后，发现他的性格也没有那么古怪，于是交了他这个朋友，经常叫他一起打游戏。才才发现，和这个游戏“团体”接触得越久，感情便越深厚，他和这些同学已成为无话不谈的朋友。不仅多了身边的这些朋友，他还在游戏里结识了不少没见过面的朋友。就这样，游戏逐渐成为他不能割舍的一部分,几天不玩游戏,他就觉得浑身不自在。渐渐地,他玩游戏的时间越来越长,除了在网吧和同学们一起打游戏,放学回到家他也会打开电脑玩上几盘,还会和游戏中认识的朋友聊天,一聊就是几个小时。

案例中的才才在成长的过程中缺少来自父母的关爱,导致性格内向,一直渴望交朋友却不知道方法。为了摆脱内心的孤单,不成为同学眼中的另类,才才在同学们的劝说下,开始了自己的游戏之路,结果朋友越来越多,越交越广,却也在沉迷于游戏的道路上越走越远。

当今社会,很多青少年都是独生子女,他们和才才一样,在缺少朋友的环境中长大,渴望交朋友。在这个过程中,他们往往会受到"从众心理"的影响,为了迎合别人,不成为"另类",为了交到更多朋友,和

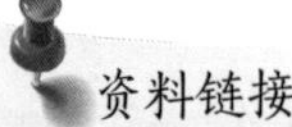

美国心理学家阿希在40多年前设计了一个经典的"从众心理"实验。来参加实验的学生走进实验室时,发现已有5个人坐在那里,他只能坐在第6个位置上。他不知道其他5个人是跟阿希串通好了的"托儿"。阿希让这6个人一起做一道非常容易的线段长度的判断题。5个"托儿"故意异口同声说出了错误答案,轮到第6个学生时,他开始犹豫了,不知道是该坚定地相信自己的眼睛,还是说出和其他人一样但自己却认为不对的答案。实验结果是,33%的人妥协了,没有说出正确的答案。

朋友有更多的共同语言，而怀疑、改变自己的观点和行为，不管对错，都和他人保持一致。在群体的压力下，我们往往会抱着“少数服从多数”的心态，违心地说出不是自己真心想说的话，或做出违背自己心意的事情。而且，越被某一群体吸引，对这个群体的归属感就越强烈，也就越有可能把某一种态度、某一种行为当成习惯。“以游戏交友”就是一种从众心理的表现。网络游戏盛行的社会环境让置身其中的青少年产生了错觉，把游戏看作一种交朋友的方式，为了适应群体，形成更好的人际关系，而逐渐失去自己的主见和判断。共同的爱好是青少年交友的基础，但爱好有很多种，可以是游戏，也可以是其他的运动或项目。不管是哪种爱好，都应该自由、健康地发展，而不应受到从众心理的影响，导致思想和行为出现偏差。青少年在交友过程中，要做到既从众又独立，既不另类又有个性，保持独立思考的能力和判断力，才能发展出真正的爱好，交到真正的朋友，获得真正的满足感和快乐。

第三节　网络沉迷的个人因素

你知道吗？

我国学者把网络成瘾分为五类：网络性成瘾、网络关系成瘾、网络游戏成瘾、信息收集成瘾、计算机成瘾。其中，网络游戏成瘾普遍存在于当代青少年群体中。青少年时期是人生发展的关键期和危险期，在这一时期会出现一系列的生理、认知和情绪方面的变化。对于青少年而言，其成长过程中的心理特性是网络游戏成瘾的主观原因，即沉迷于网络游戏的行为与青春期心理挫折规避、意志品质缺乏、社会情感发展等问题有着密切的联系。

一、幼稚的心灵世界

《北京晨报》报道过一则某大学生因网瘾而退学的新闻。小刚（化名）今年20岁了，两年前从大学退学，现在在中国青少年成长基地接受戒除网瘾的治疗。据小刚的心理治疗医生透露，小刚是这些孩子中年龄偏大的一个，他成瘾的原因是本人抗挫折能力差，在现实中一旦受挫就无法做出有效的自我调节。游戏《魔兽世界》让他染上了网瘾，断送了他的大好前途。

三年前，小刚以优异的高考成绩进入了大学，是其他同学羡慕的对象。和许多年轻人一样，小刚认为上了大学意味着彻底摆脱了高中时期水深火热的生活，学习成绩已不再像高中时期那么重要，再加上高中时良好的学习功底和知识储备，他认为顺顺利利毕业甚至拿奖学金应该是一件很容易的事情，于是紧绷的弦终于放松。可现实并不如此，他的同学们都在一如既往地学习，只有他始终无法找回以前学习的状态和感觉。小刚的性格比较内向，不擅长主动与别人沟通，他完全把自己封闭了起来，积聚的焦虑与孤独越发明显，强烈的空虚感无处倾诉、他只好一头扎进网吧，开始了自己作为《魔兽世界》玩家的生涯。

在《魔兽世界》中，小刚选择的角色是盗贼职业中的亡灵。盗贼与阴影为伴，精于逃离，凭借精妙的计谋、过人的本领、善于伪装的隐藏能力从事偷窃、谋杀、间谍等方面的工作，最擅长在幕后施诡计。小刚认为现实中的自己和亡灵一模一样 —— 自卑、孤独、死气沉沉，完全没有了作为人的勃勃生气。他把现实中自己的颓废和空虚带进了虚拟的游戏世界中，并在这里找到了向往已久的成就感。可是现实生活远不如虚拟世界那么精彩，于是他干脆彻底沉迷于网络游戏，寻求解脱，直到最后，被迫做出了退学的决定，被父母送到中国青少年成长基地进行心理治疗。

幸运的是，经过专业的心理治疗后，小刚对网络游戏的本质

适度上网调整身心，过度沉迷伤身耗神

和危害有了清醒的认识，他重拾了对生活的向往与希望，决定之后再次参加高考，以实现自己的理想。

小刚的例子使我们陷入了深深的思考与警醒中。青少年阶段是人生重要的承上启下阶段，学业、择业的压力像一道挥之不去的枷锁，牢牢套在青少年身上，使他们步履维艰。这个时期的青少年对周围的事物更加敏感，易于焦虑和紧张，一旦现实生活与他们向往的理想生活产生反差，便很容易产生孤独寂寞的空虚感。心理学家罗洛·梅认为："空虚感并不意味着内心的空无所有，空虚的体验来源于人对自己力量的渺小和软弱无力感到失望。"青少年的空虚往往体现在不知道自己应该追求什么，对自己、对他人甚至对人的本性感到陌生和不理解，从而摇摆不定，产生痛苦的无力感，这种空虚感也使青少年感到人与人之间的关系更加疏远。

因此，空虚的精神世界和糟糕的人际关系成为青少年寻求外在刺激的强大诱因。网络游戏所带来的快感一时间缓解了他们焦虑紧张的情绪，游戏

资料链接

心理专家的研究结果显示，青少年网络成瘾患者具有下列人格特点：喜欢独处、敏感、警觉、倾向于抽象思维、不服从社会规范。许多青少年之所以对网络游戏趋之若鹜，一个非常重要的原因是网络游戏正好可以为他们提供所需要的刺激。在虚拟的网络环境中，他们的大脑更容易兴奋，并处于长时间的唤醒状态。

的互动性给予了他们极大的情感慰藉，他们由此深深地爱上了虚拟的网络世界和所扮演的游戏角色，并试图通过网络填补自己现阶段内心的空虚。也正基于此，网络游戏很容易成为他们逃离空虚精神世界的救命稻草。

二、争分夺秒的玩欲

《楚天金报》报道了一则青少年玩手游成瘾的新闻。家住武汉的小凯（化名）有一群很要好的小伙伴，聚在一起的时候，大家都不约而同地拿出手机，一同打怪升级，他们约定要玩遍各种手机游戏。小凯自此疯狂地迷上了手机游戏，手机游戏已成为他生活中最重要的组成部分。

小凯把大量的时间都花在了手机游戏上，吃饭的时候在玩，走路时在玩，就连等电梯、坐公交的时候也在玩，有的时候从夜晚玩到天亮，一整夜都不休息。如果没有人打扰他，他可以一直盯着手机屏幕，时间就这样在不知不觉中飞速流逝。长时间痴迷手机游戏使小凯眼睛的近视度数直线上升，他整个人晕乎乎的，身体长期处于疲惫状态，有时梦里也全是手机游戏里的画面，小凯已经不能自拔了。

小凯心里很害怕，怕自己小小年纪就染上了网瘾，不仅学习成绩下降，身体素质也越来越差。但是小凯不明白，自己明明知道痴迷手机游戏的坏处，可为什么还是要争分夺秒地去玩呢？小凯不知道哪个环节出了问题,于是他主动向爸爸妈妈说出了自己心中压抑已久的疑惑,“我就是想玩游戏,即使我知道这样是不对的。”小凯无奈地说道。爸爸妈妈迅速认识到了问题的严重性,强制没收了小凯的手机,并给予了小凯适当的心理辅导。小凯表示很理解爸爸妈妈的做法,尽管网瘾来的时候很不舒服,但他还是坚持不再玩。渐渐地,小凯在爸爸妈妈的引导和帮助下渡过了难关,终于摆脱了手机游戏的诱惑。

我们不得不为小凯点赞,这是一个可爱而聪明的孩子,小小年纪的他在遇到自己解决不了的困难时懂得和父母适时沟通,知道其中的利弊后,努力克服了心魔,并最终重回正常的生活。小凯的故事映射出一个很现实的社会现象,即青少年在网络游戏面前的玩欲。如果青少年在这种欲望的驱使下在网络游戏里越陷越深,不懂得悬崖勒马,那后果将不堪设想。

许多网瘾者被问到对游戏痴迷的原因时,回答往往言简意赅:“因为好玩啊,我就是玩不够。”那么,青少年仅仅是因为游戏好玩才有时时刻刻都乐此不疲地沉浸其中的欲望吗?答案并非唯一。

网络游戏中的众多元素都会吸引青少年的注意力,使其甘愿花大把时间去体验,这是青少年产生网络游戏依赖的重要原因。游戏的任务系统就像一块取之不尽、用之不竭的藏宝地,时时刻刻都在吸引着青少年玩家去探索和挖掘,任务一个接一个,这个还没做完另一个又出现了,使玩家疲于奔命,应接不暇。游戏的玩法也是针对玩家量身定制的，这种玩法玩腻了还有另一种玩法，让人想停下来都难。游戏的交友系统打造了全新的人际关系平台，使玩家可以超越时间和空间的限制，尽情地享受交友的乐趣与快感……

网络游戏为青少年构筑了幻觉化的拟态空间，游戏内容源源不断地为玩家输出供人自我安慰、自我满足、自我欺骗的幻象，以一种不可抗拒的诱惑力吸引着青少年。青少年有时并不清楚自己玩游戏的具体目的，也无法判断接触网游的动机，只是单纯地遵从内心的欲望，使自我达到最大限度的释放，并努力在争分夺秒的紧张氛围中将这份内心世界的狂欢延续下去。

资料链接

据《2015 年中国青少年上网行为研究报告》显示，截至 2015 年 12 月，中国青少年网民中男女的比例为 50.1∶49.9，其中女性青少年网民占比较 2014 年增加了 4.4 个百分点。

截至 2015 年 12 月，我国青少年网民中 19—24 岁占比为 48.1%，较 2014 年降低 1.5 个百分点。6—11 岁青少年占比从 2014 年的 7.5% 提升至 11.5%，增加了 4 个百分点。

2015 年青少年网民平均每周上网时长为 26 小时，相比 2014 年下降了 0.7 小时。通过对青少年网民进行细分之后可以发现，中学生群体的周上网时长下降最为明显，较 2014 年降低了 1.7 小时。

三、提高级别的热望

《南宁晚报》报道了一则新闻:楠楠(化名)是个乖巧害羞的女孩子,说起网络游戏,她不像那些痴迷游戏的男孩子那样充满激情,她更喜欢的是那种操作简单的游戏,她说她玩的时间最长的游戏就是《劲舞团》。

《劲舞团》是一款网络对战舞蹈类游戏,属于家庭休闲型网游,凭借舞随歌动的超炫游戏节奏体验、色彩艳丽的卡通人物形象、充满个性的服装饰品搭配以及简单易上手的操作技巧成了女孩子们心中最爱的网络游戏。楠楠对《劲舞团》爱得十分执着,不知不觉中,《劲舞团》已经陪伴她整整三年了。

楠楠最初玩这款游戏是为了听歌、放松。“随着游戏里的音乐节奏,配合上下左右按键,能够全方位体验到翩翩起舞或狂歌劲舞带来的快感,那种感觉特别好。”楠楠如是说。可到了后来,楠楠突然发现游戏里的人都喜欢和高等级的人打交道,有时明明自己很热情地与玩伴聊天,却遭到了别人的冷落。加上音乐感的不断增强和操作技术的不断熟练,楠楠逐渐觉得自己应该得到更多的尊重和认可,而不是做别人身后的小跟班,楠楠决定提高级别,做游戏中真正的舞王。

楠楠在游戏中的虚拟角色是一个非常靓丽可爱的女性3D卡通人物,她为自己购买发型、衣服、裤子、鞋子以及其他类型的装饰品,打扮得格外漂亮。随着级别不断升高,加上靓丽的虚拟人物的外表，楠楠发现线上有越来越多的玩家特别是男性角色时常主动和自己打招呼，并赠送小礼品，在游戏互动环节中谈情说爱、互相调侃，楠楠已然成为最有发言权和最受人追捧的中心人物，她为此感到幸福。“我就是舞坛的女王。”楠楠自豪地说。现在的楠楠已不是从前那个乖巧听话的女孩了，她放学回家的第一件事就是打开电脑，投身于游戏中，晚上吃完饭更是一头扎进卧室，一直玩到深夜才不情愿地关掉游戏。

像楠楠一样，许多青少年接触网络游戏的初因是一种娱乐的心理，只是想在网络游戏中得到短暂的放松和片刻的休闲，当他们在游戏中找到归属感和存在感时，已沉浸在虚拟世界中不可自拔了。网络游戏的升级机制是困住青少年的牢笼，玩家在游戏中表面上法力无边，其实却深陷在别人的控制中。楠楠一步步沉迷于游戏的过程也使我们认识到，沉迷于网络游戏的升级其实是青少年对存在感的过度寻求。

网络游戏中人物被划分为不同的层级，玩家通过一步步完成既定任务，修炼“武功”和“法力”，提升“智力”和“魅力”以完成升级，也可通过购买装备加快升级速度。游戏的装备和任务量会随着等级的升高而不断提升，游戏的难度会随着层级的升高而不断增强，当人物级别升高到一定程度时，玩家会体验到现实生活中高人一等的存在感和成就感。

现实生活中，处在关键转型期的青少年很容易被父母、老师和其他社会人士所忽视，因此，他们借助网络游戏获得他人接纳和认可的过程恰恰是实现自我、寻求存在感的过程。在以往对网络游戏成瘾的青少年进行的问卷调查中，对于“您认为网络游戏最吸引您的地方是什么”的问题，有超过一半的被访者都认为网络游戏“可以展现自我，找到存在感和成就感”。我在生活中扮演的角色是什么？我的目标是什么？我的生命价值体现在哪里？青少年在现实生活中是迷茫和彷徨的，他们需要在游戏的虚拟世界中找到归宿。只有当青少年体验到自己存在的意义时，他们才能在不断地自我肯定后认识到生命存在的价值。

四、欲求不满的释放

据《北京晨报》报道，家住北京郊区的小松（化名），父母都是知识分子，平时对小松管教得很严格，小松每天需要按时完成父母制订的学习计划，周末还要参加各种课外补习班。在父母高标准的严格管理下，小松的成绩一直名列前茅，常年是学校里的“三好学生”，父母对此也很骄傲。可是除了学习之外，小松的生活却是单调乏味的，每天完成父母制订的周密学习计划后，就到了睡觉的时间，第二天醒来，又是新一轮重复生活的开始。久而久之，周而复始，小松开始厌倦眼前的生活，他羡慕同龄伙伴们的无忧无虑，他想要找到一个避风的港湾，释放自己压抑已久的情绪。就在这时，一款网络游戏走进了他的生活。

一个偶然的机会，小松在同学的推荐下接触了《反恐精英》

（CS），大家聚在一起团队作战时，小松可以尽情地呐喊，指挥自己的队友，安排战略战术，一时间，小松成了这个团队里的小英雄。即时枪战的团队性、协作性、机动性和劲爆感彻底吸引了小松，“我爱电子游戏，我喜欢调兵遣将、决胜千里的快感，我也喜欢那种想做什么就做什么的自由感。”小松兴奋地说。小松的父母发现时，他已经沉迷于其中不可自拔了。小松如同离了弦的箭，再也听不进父母的管教，小松的父母一时间束手无策。

游戏中的暴力断杀对小松有着强烈的吸引力，他可以作为游戏的一分子参与其中，影响战局，这是现实生活中从来没有过的。此外，小松还认为游戏里追逐打斗的血腥暴力场景对自己而言是一种震撼的视觉享受。“我太压抑了，我要发泄。”小松如是说，他认为网络游戏给自己提供了自由的空间，现实生活中的各种压力，不管是来自父母的、老师的还是同学的，在游戏的过程中都会

弗洛伊德认为，人格结构由本我、自我、超我三部分组成。在现实社会生活中，我们表现的是遵循社会规则、符合社会人特点的“超我”和“自我”。而“本我”在现实社会中被道德、法律、传统、舆论等规则压抑了，如对性的需求、暴力的倾向、颠覆的欲望和破坏的冲动等。而网络游戏为人们寻求“本我”提供了完美的空间，在网络游戏中“本我”得到了极度释放，表现出人格的超真实性。

被抛到九霄云外，这是一种极致的全新自由体验。

现在的小松已经接受了初步的戒除网瘾的治疗，希望小松对网络游戏的欲望能够逐渐淡去，尽快从网瘾中解脱出来。也希望小松的父母能够给予小松适当的自由空间，使那个以前令父母骄傲的“三好学生”早日回来。

小松对网络游戏的沉迷，是从网络游戏能给予他更好的情绪体验开始的。现实中的小松长期受到父母的严厉管教，长时间处于情绪的低谷期，进而产生了严重的压抑感，这与在游戏中可随心所欲、为所欲为形成了鲜明的对比。游戏与现实相比往往简单粗暴得多，小松可以暂时忘掉现实里的一切，把压抑的心情、低落的情绪统统扔掉，换来休闲和放松。在游戏中，小松彻底解放了自己，这使小松获得向往已久的自由，并逐渐升级成了对网络游戏的欲求不满。

青少年时期是个体由不成熟到成熟的过渡时期，这个时期的青少年充满了叛逆与张扬，在生活中有时得不到社会、学校、父母的肯定和赞同，不能够随心所欲地追求自己喜欢的事物，未来并不能完全被自己掌握，这促使他们努力寻找释放自己个性的舞台，虚拟的网络社会自然成了选择之一。在游戏世界中，大多数青少年释放自己的表现欲，妄想着作为本领非凡的英雄去完成伟大的使命，从而获得心理“成就感”。种种情绪与心境都会升级为对网络游戏的欲求不满，促使青少年在游戏的世界中放不下“执念”。

五、青春期的逆反心理

腾讯新闻曾报道了一位网瘾少年的沉迷历程。16岁的小龙（化名）是一个阳光开朗、正值青春期的大小伙，却在短时间内迅速染上了网瘾，这与其父母的管教方式和他的成长环境有着密切的联系。

小龙的父亲是生意人，每天起早贪黑奔波在外忙于挣钱，平时与小龙沟通交流很少。小龙大多数时间都是和母亲在一起，他很少自己收拾屋子、做饭，也不愁没零花钱花。母亲从早到晚照顾小龙的起居，对小龙属于包办型溺爱。在同龄人中，小龙第一个拥有了自己的手机和电脑，家里很早就安装了网络，平时父母不在家的时候，小龙在电脑前一坐就是一天，有时甚至忘记了吃饭。

青春期的孩子是叛逆的，小龙也不例外，再加上与父亲的零交流和母亲的溺爱，小龙渐渐养成了骄奢傲慢的性格。他做事情总是以自我为中心，一有不如意，就情绪激动，有时甚至大喊大叫。母亲则是对其有求必应，生怕孩子受一点伤害。哪知，这样的行为就像一颗定时炸弹，随时都会被引爆。最终，网络游戏成了引爆这颗定时炸弹的导火索。

期末考试前夕，老师发现小龙的成绩急速下滑，打电话给小龙的母亲建议她对孩子严加监督和管教，小龙的母亲这才有所觉察。这时，小龙已经彻底沉迷于网络游戏里。“我自己的事情自己决定。”小龙每次都这样应对母亲的管教,转过身又进入游戏打怪升级去了。

无奈之下,小龙的父母只能把孩子送到中国青少年心理成长基地接受戒除网瘾的治疗,希望在专业治疗下,小龙能够认清网络沉迷的危害,认真反省,积极、正确地面对自己以后的学习和生活。

青春期的孩子是叛逆、张扬、易冲动的,强烈的好奇心促使他们大胆地尝试新鲜事物,在这个阶段,网络游戏容易走进青少年的内心,使青少年成为不折不扣的“小网虫”。小龙的案例是青春期孩子因父母过度溺爱、疏于管教而造成上网成瘾的典型,也为家有青少年的父母敲响了警钟。父母对孩子的溺爱和无条件满足,会使孩子逐渐养成以自我为中心的性格。这类孩子喜欢自我放纵的即时快感,缺乏自我约束的习惯,讨厌种种规章制度的限制和约束,处理问题时比较任性和情绪化,把满足自己的欲望作为行为的唯一准则。父母的疏于管理也使他们更加为所欲为,变本加厉地延续这种个性。而网络游戏则为他们提供了为所欲为的场所和舞台,使他们最大限度上在自我放纵中获得虚幻的成功的快感,所以,他们对网络游戏乐此不疲,丝毫感觉不到危机的存在。

在敏感的青春期阶段,如何有效引导和教育青少年抵制外界不良诱惑,培养他们积极健康的成长心态是横亘在父母面前的重大难题。不可否认的是,许多青少年染上网瘾,家长有着不可推卸的责任。因此,在监督和管理孩子的过程中,既不能习惯于用

“强迫命令式”的教育方式为孩子强加枷锁，也不能用过于溺爱的“放养政策”放任自流，引导和管教理应把握“度”的平衡。勤于观察，经常沟通，赢得孩子的信任，把恶习扼杀在萌芽中，及时解决孩子成长中的烦恼和困惑，有效纠正孩子在生活中的不良行为和习惯，这才是家长引导孩子走向正确人生方向的恰当举措。

第四节　网络沉迷的家庭因素

你知道吗？

心理学专家许雷霆从 2005 年开始对网瘾青少年进行心理治疗，治疗和指导过 3000 多个病例，有着丰富的临床经验。他发现人们对青少年沉迷于网络游戏这一现象存在很大的认识误区。很多人把这一现象归咎于网络游戏本身，网瘾青少年的父母则是对网吧恨之入骨。

通过对数千名所谓网瘾患者的治疗和研究，他发现其实网瘾只是一种表象，家庭问题才是根源，在其中起着决定性的作用。

一、单一的教育方式

据《三江晚报》报道,哈尔滨的李女士的孩子小方(化名)沉迷于游戏,只要他进了网吧,便怎么也拉不出来。

据了解,李女士早先与丈夫来到哈尔滨创业,把小方留在了老家,日常由姥姥照顾,一直到孩子上初中的时候才接到身边一起生活。平时生意忙,他们很少回家,即使回去也只待几天就走,跟小方的交流全靠电话。李女士的丈夫是一个大男子主义者,李女士也比较强势,两个强势的人在一起,吵架、打架是家常便饭,每次都会把小方吓得大哭。每次吵完架,李女士都摔门而去,丈夫会要求小方不许哭,他认为男孩动不动就哭是懦弱的表现。

李女士的丈夫第一次打孩子是因为孩子数学考试没有考好,他看到成绩单后上去就是一巴掌。接下来的两年,小方因为上了初中,课业难度加大,成绩开始下滑。因为成绩的事情,丈夫没少打孩子,夫妻两人也因此没少打架、吵架。

越打小方成绩越差,后来,小方对学习失去了兴趣,开始跟同学频繁进出网吧。没多久,李女士和丈夫就被学校叫去,说小方经常逃课上网。这件事让李女士的丈夫非常生气,他冲到网吧,把正在打游戏的小方当众打了一顿,这让小方觉得很没面子,于是推了他一把。这个举动在李女士的丈夫看来是大逆不道的,于是打得更狠。小方因此第一次离家出走。

之后,小方又屡次离家出走,每次小方出走后,夫妻俩便什么事都不干，满城地找，最后总是在网吧找到他。自从小方迷上网络游戏后，李女士的丈夫恨透了游戏，恨透了游戏开发商。每次看到小方从网吧回来，就气不打一处来，但是又没有办法，小方现在已经不怕打了，打得厉害了就离家出走，夫妻俩怕孩子出事，也不敢太过分。因为孩子玩游戏的问题，李女士与丈夫伤透了脑筋。

记者对小方进行采访后得知，小方认为是网络游戏救了他。他来到哈尔滨后，觉得父母没有像以前那样对他关心，尤其是父亲，经常打骂他，父母二人也经常吵架、打架，这让他很困扰。成绩不好会被打，话说的不对会被打，跟同学玩晚回家会被打……在他心里父亲就是个"暴君"。身为母亲的李女士在孩子心里的印象也很差，每次挨打，妈妈从来不保护他，这让他很没有安全感。后来他跟同学去了网吧玩游戏，他感觉只有在网络里才能够忘记现实中的一切不开心。从一开始的一个小时，到现在的十几个小时，父母越反对，他越要玩，以此来表示抗议。他说看到父亲生气的样子，他反而很开心……

美国心理学家埃里克森认为，儿童健康发展很重要的一条是建立安全感，儿童需要至少有一个人可以给予其保护和关爱，只有这样儿童才能获得一种稳定的安全感。上述例子中的小方的家庭环境是紧张、冲突和混乱的，他的父母相处和解决事情的方式是争吵和武力。据了解，李女士的公公和婆婆平时也争吵打架，小方的父亲与兄弟姐妹们之间从小打到大。这种家庭中成长起来的孩子往往具有暴力倾向,并且缺乏安全感,内心深处的情感依赖性很强。

有专家指出:家庭不健全具有带有代代相传的特性,因为心理不健康的人通常会娶或嫁一个来自同样不健全的家庭的人。[1] 我们从李女士的家庭中看到了这样一种规律。我国的许多家庭中都可以找到这种粗暴单一的教育模式的痕迹,“棍棒底下出孝子”的家庭教育理念根深蒂固。但是,事实却是,许多家庭的棍棒底下出来的并不是孝子,是一个个逆子!

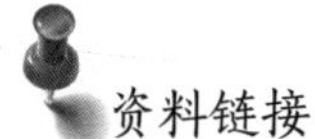

资料链接

根据郭开元的《未成年人网络沉迷状况及对策研究报告》,家庭关系不良的未成年人更容易沉迷于网络。调查显示,网络沉迷未成年人中亲子关系不良的比例较高,与父母的交流较少。网络沉迷未成年人大多数都曾与父母发生过激烈的冲突,对父母的情感是冷漠的、厌恶甚至是敌对和仇视的。

二、适得其反的高压政策

据《山东教育报》报道,家住山东烟台的赵女士,32 岁的时候才生下扬扬(化名),因为是高龄产妇,再加上早产,孩子体弱,动

[1] 赵春梅,许雷霆. 网络是只替罪羊 —— 网瘾青少年家庭心理访谈录 [M]. 合肥:安徽教育出版社,2011:114.

不动就得病，医院是扬扬去得最多的地方。

扬扬的初中班主任说，因为孩子体弱，赵女士对扬扬呵护过度，使扬扬变得越来越娇气，动不动就不上学，功课拉下一大截。赵女士到处找人给扬扬补课，逼着孩子学习。扬扬对妈妈的高压政策很反感，逆反心理也越来越重。后来扬扬开始玩起了游戏。

妈妈为了让扬扬多一些兴趣，便给他报了各种补习班、兴趣班，没想到扬扬对哪种班都没有兴趣，什么也没有学成。他厌倦了这一切。然而，接触游戏，扬扬却找到了从未有过的自信。扬扬彻底被《魔兽世界》迷住了，他对各种技能和法术非常感兴趣，每当和队友打赢一次战役，就会无比的兴奋，希望获得更多装备，拼尽全力去打更多的战役，得到更多的荣誉，就好像是一个在战场上杀敌的将军，自信又冲动。就这样，扬扬从一天玩一两个小时到一天玩十几个小时……

父母越逼扬扬学习他就越要反其道而行之，游戏打得更加疯狂。扬扬的父母也因此而争吵不断，最后发展成大打出手，学校对扬扬也下了最后通牒。双重压力之下，扬扬选择了逃离，他离家出走了……

从该报道可知，扬扬沉迷于游戏与家人过度的关心与溺爱以及母亲的高压政策是分不开的。

因为计划生育政策，“80后”“90后”多为独生子女，长辈对孩子的溺爱达到了极点，同时，所有的期望也都加于这一个孩子身上，过度的爱和过高的期望，使孩子心理负担沉重。

2011 年教育部人文社科青年基金项目“现象学教育学视野下学生学习的生活体验研究”的研究人员经调查发现，中小学生普遍感受到较大的学习压力。其中有 62.9% 的学生有时或经常觉得学习负担重，总有一种紧张感或沉重的压力感。[1] 很多中学生在考试前出现了焦虑、害怕、紧张等情绪，并且，在考试后也有相当大数量的学生会因自己成绩不理想而感到抑郁、失落、挫败感增强等，这种现象的直接原因是学生的学习压力过大，推动力则是父母对孩子精英式培养下产生的过高期望。

三、残缺家庭造成的畸形性格

据《南方日报》报道，家住广州的李先生，大女儿晴晴（化名）在某重点寄宿学校上高一，开学没两个月，李先生已经被学校叫去了好几次，原来晴晴不仅上课睡觉走神，而且还逃课去上网。最近一次李先生被叫到学校则是因为晴晴逃课去网吧上网后一夜未归。

李先生是一位成功的商人，家庭相当富裕，在当地也小有名气。但是，李先生家里的家庭成员关系特别复杂。晴晴是李先生的前妻所生，晴晴的妈妈离婚后去了国外，和晴晴经常一年见不

[1] 王攀峰 . 中小学生学习生活现状的调查与反思重建 [J]. 教育学术月刊，2014（2）：72—78.

上一面。晴晴还有一个妹妹和一个弟弟,妹妹是继母生的,弟弟是爸爸与第三个女人非婚所生。这一复杂家庭中的三个孩子,关系并不好。

晴晴从小就经历了父母离婚,母亲负气远走国外,父亲再婚,父亲出轨,父亲与继母争吵和冷战等一系列变故,虽然她对父亲的做法极度不满,但却无可奈何。晴晴说,她特别讨厌父亲,父亲在外人看来是个成功人士,在她心中只是个失败的父亲和丈夫。

弟弟出生后,父亲的“小三”就跟父亲闹掰了,但是因为弟弟,她会隔三岔五地来家里,目的就是要钱。父亲经常在各地出差,这个烂摊子就留给了继母。继母是个传统又略显懦弱的女人,每次面对这种情况,只能默默流泪和生气。

晴晴 15 岁那年,在国外的妈妈又结婚并生了一个弟弟,本来一年之中还回国看望晴晴几次,自从有了弟弟,妈妈告诉晴晴可能以后不能年年回国了,这让晴晴很失落。父亲的不负责任、母亲的无暇照顾、家庭关系的混乱,使 15 岁的晴晴无处发泄,心中异常郁闷。

晴晴最初上网是为了跟网友聊天,倾诉内心的苦闷。由于网络的匿名性,她可以跟网友倾诉一些平时不敢或者不好意思跟现实中的朋友说的话。虽然向网友倾诉后,心情会好一些,但是一回到家,那种压迫感仍然让她喘不过气。慢慢地,晴晴在网吧的时间越来越长,并且迷上了一个叫“劲舞团”的网络游戏。在游戏里，她可以沉浸在节奏感很强的音乐中，忘记现实生活中不愉快的一切。

资料链接

徐汉明、盛晓春主编的《家庭治疗——理论与实践》中对家庭结构有这样的定义：家庭结构，指家庭中成员的构成及其相互作用、相互影响的状态，以及由这种状态形成的相对稳定的联系模式。包括家庭人口要素、家庭模式要素两个基本方面。

畸形家庭造成畸形性格，晴晴在这样畸形的家庭环境中变得敏感、封闭和压抑。家庭是社会的细胞，是社会的基本单位，家庭结构的变化会对孩子的身心健康带来重大影响。父母是孩子的第一任老师，孩子在成长阶段接触最多的人就是父母，父母带给孩子的安全感是不能被替代的。据研究表明，在成长阶段，家庭结构稳定，父母关系和谐，在这种家庭氛围中成长起来的孩子沉迷于网络的可能性远远小于家庭结构不稳定的家庭。[1]

家庭不仅是个人生活的起点，也是人格形成的源头。家庭越牢固，教育子女的条件就越好，孩子的心理就越可能健康。

[1] 缪晨霞 . 不良亲子关系是网瘾致病祸首 [N]. 新京报，2013-08-05（D02—D03）.

四、家庭条件优越≠教育条件优越

据《重庆晚报》报道，家住巫山某社区的张女士，为了让孩子棒棒（化名）能上十二年制的口碑、教风、学风和升学率都好的名校，早在五年前就买了价格昂贵的学区房。这五年来，张女士一直做陪读妈妈。棒棒马上要升高中了，本该在学校努力学习，现在却在家待着。据张女士说，自从搬到学区房，孩子转到这个好的学校，她便觉得万事大吉，不用再担心棒棒的升学问题，只要保证棒棒一天三顿吃好喝好，身体健康就行了。棒棒的爸爸更是如此，一周一两个电话，父子二人说来说去就那么两三句话，内容永远是学习怎么样，考试多少分。后来棒棒便不接爸爸的电话了，也很少跟张女士交流。张女士说小男孩长大了，跟父母交流变少很正常，直到有一天她被学校请去才知道真正的原因。

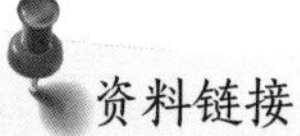
资料链接

据中国关心下一代工作委员会事业发展中心、联合国教科文组织CISV中国总部等单位于2016年10月联合发布的《中国家庭教育现状》白皮书显示，当前中国家庭中，父亲主导教育不足两成。另据调查显示，60.7%的网友认为现在的孩子缺少父教，40%的人则表示父教缺失的最大原因是父亲不知道怎样教育孩子。

棒棒的班主任说孩子最近经常不上课，即使上课也是在睡觉，和别的学生打听才知道，原来棒棒通宵上网打游戏，在班里的成绩也从前十名下降到后二十名。还有不到三个月就中考了，班主任建议家长把孩子接回家照顾和监督。之后，棒棒被接了回来，母子之间天天“斗智斗勇”，棒棒还是一有机会就去网吧。张女士百思不得其解，有这么好的学校，自己也给予了棒棒这样好的照顾，为什么棒棒就不肯好好学习呢？

张女士的困扰并不是特例，而是一个普遍的现象。为了让孩子上个好学校，将来考个好大学，一部分家长买了价格昂贵的学区房，并认为自此之后只要把孩子丢给学校教育就万事大吉了，把学校教育看作唯一的并且是最好的教育方式。张女士的孩子经常逃学，并且为了上网跟母亲“斗智斗勇”，这是由于父母长期疏于与孩子进行沟通造成的。可见，好的物质条件是一个方面，成长发育期的孩子更需要精神食粮，需要心灵上的交流和倾诉。张女士夫妻只给了棒棒好的物质条件，却没有在心灵上给予慰藉和帮助，这使本来学习压力就很大的棒棒压力更大。当发泄途径无处可寻时，网络就成了孩子的选择。

家庭是人生的第一所学校，父母的言传身教对青少年行为习惯的养成起着重要的作用。随着社会的发展，很多家长因为对自己教育程度和知识储备不自信，越来越重视学校教育，而忽视了家庭教育的重要作用，认为只要孩子在好的学校上了小学，自然就能考上好的中学、大学。

2015 年底，全国妇联儿童工作部召开了第二次全国家庭教育现状调查结果发布会,发布了全国家庭教育现状调查的结果。调查结果显示,孩子“学习成绩不好”是多数父母较担心的。[1]中国青少年研究中心经过调查也发现,无论是“90后”还是“00后”的父母,最关心的仍然是成绩。说明家庭教育早已深陷应试教育的误区,忽视了家庭教育的规律与个性。[2]

一个人的成长过程中,家庭教育的影响很大,而现实中,很多家长完全不知道怎么教育孩子。父母文化素质是决定家庭教育环境的重要因素,一般来说,父母文化素质越高,越可能为子女提供良好的家庭教育环境,越能为培养子女创造力提供有利的条件。

五、父母角色缺失与隔代教育

据《贵州都市报》报道,贵阳市某中学学生小泉(化名)今年15岁,是一个有6年网龄的“老”游戏玩家。小泉出生在城乡接合部,是留守儿童。

小泉三四岁的时候父母就外出打工了,他是在爷爷的照看下长大的。他说自己是个被放养的孩子,因为只要不闯祸,爷爷是不怎么管教他的。爷爷认为,在学校学习,回到家就可以玩。小泉的爷爷送他上学的时候都会念叨:“现在的孩子太累了,这书包

[1] 中国妇女.第二次全国家庭教育现状调查结果发布[EB/OL]. 2015. http://www.womenofchina.com/2015/1223/2995.shtml

[2] 孙晓云.新家庭教育的十大愿景[N].中国教育报,2017-04-27(09).

得有五斤重啊！”所以，小泉一直都没有写过家庭作业。开家长会时也是爷爷去的，小泉说他们班开家长会时，有一半的同学是让爷爷奶奶来的，因为他们的父母都外出打工了。

当问到想不想爸爸妈妈这个问题时，他开玩笑地说：“我都快忘记他们长什么样了。”据小泉说，他跟父母的沟通仅限于每周一次的电话。现在有了妹妹，稍微会多讲一会儿，不过内容千篇一律。小泉回答记者问题时显得比较拘束，但聊到网络游戏时，他立刻变得兴奋起来，他说每次跟小伙伴们一起“打怪”就特高兴，感觉自己是一个有组织、有朋友的人，不打游戏就感觉生活没什么意思，周围连个可以说话的人也没有。“你为什么不跟爷爷多交流呢？”“跟爷爷没法交流，我说的他不懂，他说的我也不感兴趣，而且他很啰唆。”所以，他最喜欢去找比他年纪大的伙伴带他升级。“你玩游戏，爸爸妈妈不管吗？”“其实他们也没法管，我去网吧打游戏，就不会去外面惹事。”据小泉说，现在去网吧他都会带着自己五岁的妹妹，因为爷爷年纪大了，照顾不了妹妹了，只能由他带着，现在妹妹也能玩些小游戏了……

这是一个典型的由于农村留守儿童成长过程中父母角色缺失，隔代教育而导致的网络游戏沉迷的案例。许多留守儿童在学习中遇到了挫折，产生挫败感，或者在生活中因缺少父母的陪伴而产生孤独感，为了逃避现实，他们会通过网络发泄心中的不满，一旦在网络中找回了自信，产生成就感，就会一发不可收拾，从此沉迷。

父母角色缺失和隔代教育的现象不仅发生在农村，城市中亦然。我国是世界上为数不多的普遍存在隔代教育的国家。在传统的宗族制家庭中，儿童的生活、教育是家族中老人比较关心的问题。随着经济发展、社会转型，社会老龄化趋势的形成、全面“二孩”政策的实施，中国的家庭结构发生了较大的变化，由祖父母照顾和教育孩子的隔代教育现象也越来越普遍。

中国青年报社会调查中心通过问卷网进行的一项调查显示，85.2% 的人认为隔代教育的情况是正常的，他们认可这种现象；76.7% 的受访者表示年轻父母工作压力大，没有精力和时间照顾孩子；32.0% 的受访者指出社会缺乏对年轻父母的帮助机制，孩子只能交给老人。[1] 祖辈们大都有一种普遍的补偿心理，在自己孩子出生的时代，物质上的匮乏致使子女没有享受到优越的生活，因此，他们会想尽一切办法把这种缺失补偿在孙辈们身上。所以，溺爱与放纵就成了隔代教育中最大的问题。虽然老人们也很想把孩子教好，但是，当教育遇上爱的时候，往往就会出现偏差。

中国的父母们往往把教育摆在首位，而忽略了情感上的支持。有些父母为了让孩子得到更好的教育资源而拼命工作，而繁忙的工作又使得他们很难有时间陪伴孩子，与孩子之间缺乏情感互动的家庭教育往往是无效的，甚至起反作用。在这样的家庭中成长的孩子很有可能选择逃避现实，而在网络世界中寻求心理安慰。

---

[1] 中国妇女报 . 父母没精力时间　逾八成受访者称隔代教育现象普遍 [EB/OL]. 2015. http://www.cssn.cn/shx/shx_sjzx/201512/t20151203_2739868.shtml

讨论问题

1.你身边有沉迷于网络游戏的朋友吗?他们属于哪种沉迷的类型?

2.你认为家长应该怎么做才能帮助孩子降低玩网络游戏的欲望?

3.假如你因为游戏打得好而有机会参加游戏竞技比赛,但父母以影响学业为由坚决反对,面对这种情况,你该怎么办?

第四章

要游戏不要沉迷

主题导航

1 汲取社会的正能量

2 校园是心灵氧吧

3 亦师亦友是父母

4 自我管理是变化的核心

精神分析学家弗洛伊德认为，游戏的对立面是现实，而非工作，因为在游戏中人们获得幻想的现实，这体现了游戏的虚拟性。由于在网络游戏世界中青少年可以实现自己在现实生活中无法获得的技能，可以拥有超强的能力，比如单枪匹马肆意厮杀、组建军队运筹帷幄…… 缺少分辨力和定力的青少年群体极易被五彩斑斓的网络世界所吸引，甚至沉迷于其中无法自拔。青少年网络沉迷，已经成为一个社会性的话题。如何帮助青少年预防网络游戏成瘾，如何拯救已经沉迷于网络游戏的青少年，这些都是值得探讨的话题。

第一节 汲取社会的正能量

你知道吗？

把一抔白色的细沙放在黑色的土壤中，日积月累，随着时间的流逝，白色的细沙会慢慢失去它本来洁白的光泽，颜色逐渐暗淡。如果时间足够长，白色的细沙会完全失去原来的色泽，变得和黑色的土壤颜色一致，混在黑色的土壤中。这个故事与“近朱者赤，近墨者黑”的成语一样，广为流传，向我们传递了这样一种观念：外部环境的好坏对个人的成长有着至关重要的作用。

一、去网吧应有所节制

网吧是向社会公众开放的提供营利性上网服务并向使用者提供电脑等相关硬件的场所。网吧的出现，曾一度令人感到兴奋，以为从此可以“坐上行驶在信息高速公路上的列车”。

中国的第一家网吧名叫“盖威特”，1996 年 5 月诞生于上海。[1]

[1] 中国市场调研在线 . 2016—2021 年中国网吧服务行业市场调查及投资战略研究报告 [R]. 2016.

防止网络沉迷，井外世界好精彩

这时的网吧功能相对单一，人们可以在网吧里检索信息、查找资料并学习新知识。1998年，网络游戏出现，网吧迅猛发展，直到现在，网络游戏仍是支持网吧生存的重要因素。

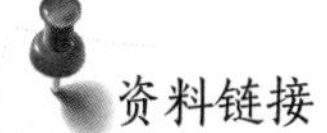

据《第40次中国互联网络发展状况统计报告》显示，截至2017年6月，我国青少年网民（10—19岁）的总人数约占全体网民的19.4%。网民中学生群体占比最高，为24.8%。

据《教育日报》报道，在四川某小学上学的小均（化名）是留守儿童，父母都外出务工不在身边，小均和年迈的奶奶在老家相依为命。长期缺乏管教的小均认识了几个社会上的“大哥”，为了融入“大哥”们的圈子，小均数次跟随“大哥”们出入小镇上的网吧，在网吧中第一次接触到了如梦如幻的网络游戏，从此一发不可收拾，心心念念惦记着网吧。后来，小均因为通宵在网吧玩《英雄联盟》而错过了期末考，被学校严厉处分，这使他萌生了退学的念头。在遭到家人的反对后，他瞒着家人离家出走。等家人找到小均时，他已经在某个网吧里度过了近一个星期，双眼布满了血丝。

作为青少年，上网应该有所节制。很多老师和家长对“网吧”深恶痛绝，他们认为，网吧的存在，给孩子们提供了家庭跟学校都监控不到的“游戏天堂”，虽然网吧门口醒目的位置贴着“禁止未成年人入内”和“禁止24小时营业”等字样，但一些网吧经营者为了眼前的利益，仍会铤而走险。

网吧作为时代的产物，顺应了社会的需求，但是对青少年的成长而言，却是一个不小的考验，青少年沉迷网吧、醉心游戏最后导致悲剧的事时有发生。由此可见，简单粗暴地禁止未成年人进入网吧效果甚微，在利益的驱使下，网吧经营者总会有各种方法为他们的"顾客上帝"提供服务。堵不如疏。网吧，到底是魔鬼还是天使？到底该消亡还是该继续存在？网吧有没有可能，不再是家长和老师担忧的"黑色地带"，而是让青少年身心得到放松的"第三课堂"？

约翰·D. 巴洛在他的文章《网络独立宣言》中说到，网络的管理只需要依靠市场调节就可以了，也就是说无论是网络上的内容还是网吧，只要符合市场"优胜劣汰"的机制就可以了，无须社会上其他的力量来过度干扰。哈佛大学的学者劳伦斯·莱斯格在《代码：塑造网络空间的法律》一书中提出其实运用网络自身特有的技术手段即可以管理好整个互联网运营的观点。但是现实情况带来的挑战也使得这些学者认识到了光靠市场或者技术，都没有办法对网络这个庞大的行业进行管理，这需要社会上各种力量的支持，也需要政府的介入。同理，对社会网吧的管理亦如此，可以从以下几个方面入手：

第一，对社会上的网吧进行分类，成年人网吧跟青少年网吧分开经营。青少年的发展不应该与网络脱节，适度的放松可以促使青少年放松身心、开拓思维。网络游戏并非都是洪水猛兽，只要引导得当,也可以成为辅助青少年成长的工具。可把现阶段网吧的两大客群区分开来,对青少年网吧进行特别的管理,包括网吧环境装修、功能区分、设备升级、安全管理等,改善一些网吧光线不足、安全隐患大、空气不流通、设备伤眼等现状。当然,这还需要政府给予一定的财政补贴,为青少年营造一个舒适、健康的书吧式上网环境。

第二,青少年的上网时间需要被规定。每周一至周五上课的时间,青少年网吧是不会开门营业的,只有在下课后和节假日,青少年网吧才开门营业。学生进入网吧需要凭学生证,且每次上网的时间最长为 2 个小时,节假日适当放宽至 3 个小时。从网吧的经营时间和学生上网最长时间两大源头,限制青少年无休止地沉迷于网络。

第三,网吧游戏内容多元化,增强对网络游戏的审核工作。杜绝涉及色情、赌博、吸毒、血腥和暴力等内容的游戏出现在青少年网吧中,相关技术部门应针对青少年的需求,开发多元化的游戏内容,如历史题材、军事题材、棋牌题材等,以开发青少年的智力,把“好玩”和“值得玩”结合起来,打破现阶段游戏仅停留于“好玩”状态的局面。此外,文化部等还需要对青少年网吧的游戏种类和内容进行仔细认真地排查,以免有“漏网之鱼”。

二、尊重需求与满足需求

每个人都有生理、安全、社交、尊重以及自我实现的需求,在马斯洛的需求层次理论中，人们的这些需求是层层递进的，并且一个人对尊重和自我实现的需求是永无止境的。青少年容易沉迷于网络游戏世界，很大程度上是因为日常的生活和学习过于单调，而在丰富多彩的游戏世界中，他们可以不断地打怪升级，成为自己理想中的人。换个角度，这也为我们提供了一种思路，只要我们能够在别的方面满足青少年的需求，他们对游戏的依赖度自然会降低。

那么青少年的需求有哪些呢？

人人都需要朋友，没有朋友的少年时光是黯然失色的，这样的人更容易走向极端。法国作家安托万·德·圣·埃克苏佩里的短篇小说《小王子》中的小王子，一直都独孤地在星球中行走，没有朋友，后来他驯服了狐狸，又遇到了玫瑰，并和它们成了朋友，他才觉得自己的一生是过得精彩的。青少年对人际交往的需求很纯粹，但是在渴望程度上并不亚于成年人。

青少年时期，往往也是对未知的世界怀着极大热情的黄金时期，这一方面能够促进青少年接受海量的知识，成就自我；另一方面却也导致青少年对未知事物的辨别能力不足，容易因为好奇而陷入沉迷。

此外，在这个人人都喊着“压力山大”的时代，青少年也承受着巨大的压力：在学业上要保持与同龄人齐头并进的势头，在家庭里要得到家人的陪伴和理解，甚至在交友过程中还要学着去获取朋友的真心和实意……这些都是现代青少年所要面对的压力。所以年纪轻轻的他们，也有宣泄压力的需求。作为青少年，如何才能往正确的方向前进，避免走崎岖的道路呢？

第一，克服自卑或者怯弱的心理，主动走出家门交朋友。现代社会的居住环境导致很多同一个小区、同一个学校的同学，回家后一关上门，就互不相识。要打造如传统社会的温情社区难度较大，但是孩子之间的沟通，会比大人之间来得简单，一起写写作业，一起看看电视，或者一起到小区里跳跳绳…… 只要有一个人主动，就可以把小区里孩子的手拉在一起。走出家门，与现实中的小伙伴交朋友，乐趣远超在网络游戏中与虚拟的人物对话。

第二，正确认识网络游戏。对涉世未深的孩子而言，网络游戏中的角色扮演和打斗场景都是十分新奇的，他们急需增

资料链接

美国学者简·麦戈尼格尔在其《游戏改变世界》一书中讲过这样一个故事：大约3000年前，在小亚细亚一个叫吕底亚的地方，有一年，全国范围内出现了大饥荒。到了第二年，局面并未好转，于是吕底亚人发明了一种奇怪的办法来解决饥荒问题。他们先用一整天来玩游戏，不吃不喝；接下来的一天，他们吃东西，克制自己玩游戏的欲望。依靠这一做法，他们一熬就是18年，其间发明了骰子、抓子儿、球以及其他常见的游戏。

这个故事的真伪待考，但揭示了游戏的部分本质——专注、忘我和团结协作。

加对网络游戏的了解。倘若在这个时候,家长或者老师能为孩子梳理网络游戏的本质,告诉他们网络游戏中的真善美,帮助孩子选择一些益智类游戏,这比盲目地下"禁令",激发孩子的逆反心理,有用得多。

第三,求助于社会,请社会用爱与关怀指导青少年选择适合的减压方法。青少年时期的孩子,经常会有"别人都不理解我"的想法,这个年龄段的孩子真的有那么难以理解吗?还是外界对他们的要求过高,或者是孩子内心有不想说的事情?只有用真心对待青少年时期的孩子,才能听到他们的心里话。了解他们,才能更好地为他们出谋划策。减压的方法有很多种,比如跑步、打球,比如写日记、看电影,比如出门旅游……

三、辩证地对待广告宣传

2001年,中华网龙公司聘请当红的女明星周迅为其企业的产品《金庸群侠传OL》做宣传,这成了我国第一则明星宣传网络游戏的广告;同年,网易游戏推出的新产品《大话西游》,聘请了周星驰来做代言人,同样取得了良好的宣传效果。不可否认,一些优秀的网络游戏企业比较注重广告的质量,但是更多的时候,我们都是被迫地去看一些低俗的广告,比如在浏览网页的时候,或者在看电影的时候,总是会有一些突然弹出来的小广告。这些小广告内容粗俗,广告中出现的人物衣着暴露,言语粗鄙不堪,给青少年的身心健康发展带来很不好的影响。

AIDMA是消费者行为学领域的理论模型,A代表的是Attention(引起注意),被放在了首位。网络游戏的广告设置即运用了该原理。为了在第一时间引起玩家的兴趣,一些游戏开发商不惜把广告做得粗暴、低俗来诱惑玩家,以达到他们的目的。[1]

尤其是近几年,很多网络游戏广告都因其“三低”而臭名远扬,比如“屠龙宝刀,点击就送!”“极品装备,一秒刷爆!”此类简单粗暴的广告横行网络。

再比如2015年某明星代言的网游的广告语是“大家好,我是×××,如果有人欺负我兄弟,我会让你尝尝屠龙刀的厉害(粗口话)!”这则粗俗的广告引起了广大网民的反感。但是令人意外的是,广告投放之后,这款游戏反而得到了更高的关注度,特别是一些充满“兄弟义气”的青少年,更加偏向于选择这款游戏。

随着生活水平的提高,青少年接触网络的机会越发多了,也越容易陷入网页上铺天盖地的充满诱惑的游戏广告中。试想,一个整天在书山题海中过着单调生活的孩子,怎会不被广告中的画面吸引,点进去一探究竟呢?

犹如伊甸园中的禁果,低俗的网络游戏广告导致青少年慢慢地走向放纵和颓废的深渊。简单粗暴又毫无美感可言的网络游

---

[1] 陶荣.网络游戏广告色情化成因分析[J].学术探讨,2011(02):288.

戏广告，除了诱导青少年沉迷于游戏外，还会污染青少年纯洁的心灵。对网络游戏广告进行审核意义重大。

第一，广告内容不能“跨尺度”，应该立足于实际，而不是一味地对产品进行夸大或者使用色情化、粗俗化的语言去诱导青少年。游戏形象代言人更不能以衣着暴露、性暗示等方式来宣传。应切实履行《广告法》的规定，不得使用低级趣味或渲染淫秽色情的语言和文字，自觉提升网络游戏广告的质量。

第二，广告投放时间应受限制。网络游戏广告本质上与别的商品的广告有区别，网络游戏广告可分时间段投放，每天晚上 7:00 至 9:00 是青少年上网高峰期，此时应该限制网络游戏广告的投放，做到少投放甚至不投放，为青少年的课外时间保驾护航。

第三，广告投放渠道应有规定。学习类网站、新闻类网站和社交类网站是青少年常常浏览的网站，不适宜在其中投放网络游戏广告。严格控制广告的投放渠道，做到精准投放而非病毒式传播。

第四，广告监管需有力。相关部门要积极负起责任，对网络环境进行监控，严查网络游戏广告所宣传的内容，严控广告投放的时间和渠道，从质量和数量两大源头，通过各方面的共同努力，最终达到效果。

正如著名的媒体文化研究者和批评家尼尔·波兹曼在其著作《娱乐至死》的序言里比较奥威尔的《1984》和赫胥黎的《美丽

新世界》时所说的那样:“奥威尔害怕的是我们的文化成为受制文化,赫胥黎担心的是我们的文化成为充满感官刺激、欲望和无规则游戏的庸俗文化……简而言之,奥威尔担心我们憎恨的东西会毁掉我们,而赫胥黎担心的是,我们将毁于我们热爱的东西。”

《2017年中国游戏行业发展报告》显示,2017年中国游戏市场实际销售收入达到2036.1亿元,同比增长23.0%;中国游戏用户规模达到5.83亿人,同比增长3.1%,网络游戏用户不断增长的。

四、遵守规则,保护隐私

网络游戏行业发展势头渐猛,已经成为我国经济发展中的重要部分,不少地方将网络游戏产业作为文化产业中的重要部分写入当地经济发展的规划蓝图中。然而,对网络游戏的管理法律法规和监管条例却迟迟没有跟上,这使得网络游戏一度处于“失控”的状态,成了青少年成长路上的“拦路虎”,也使得很多家长和教育者“谈游戏色变”。完善对网络游戏的管理制度,尽可能遏制其负面作用,刻不容缓。

他山之石,可以攻玉。当我们不知道怎么对网络游戏进行管理的时候,可以借鉴别人的经验教训。早在20世纪末,美国政府就意识到网络游戏的迅猛发展对青少年造成了极大的伤害,为此制定了一系列旨在保护青少年不受网络游戏侵害的法律法规，包括《通信内容端正法》《儿童在线保护法》《儿童网上隐私保护法》等等。

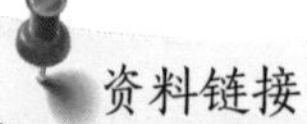

自 1997 年以来，美国政府已经出台了好几部针对儿童的反网络色情的联邦法律。有关部门专门针对 13 岁以下儿童建立了网站，凡在此域名上注册的网站不能与其他外部网站相连接，其内容不得包含任何有关性、暴力、污秽言语等内容。美国国会也一直在为使儿童能够在互联网上远离色情、暴力和其他成人内容而做努力。为增强全社会对儿童网络安全的意识，美国联邦调查局专门为家长编发了《网上安全家长指南》。

早在 2010 年，我国就颁布过关于网络游戏的管理办法，办法中明文规定，网络游戏中不得宣扬淫秽、色情、赌博、暴力或者教唆犯罪的内容。关于管理网络游戏、引导青少年的相关法规正在不断完善，其中特别强调针对性和落地性，具体包括以下几个方面：

第一，制定相关法律，完善网络游戏规范化管理。与每年网络游戏行业产生大量的经济效益极不匹配的是，目前我国尚未制定针对网络游戏管理的法律。虽然在 2010 年和 2011 年，文化部都曾颁发过关于网络游戏的管理办法，但是立法层次不高，缺乏针对性和落地执行性。网络游戏管理专项法律中，应该细化规定，并制定完善相关的执行法规体系，通过对网络游戏的综合管理达到保护青少年成长和行业可持续发展的目的。

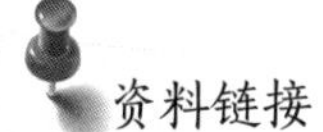

针对不合规范的网络游戏，文化部等部门已经接连发布通知进行监管、查处。2017 年 12 月 1 日，文化部出台《关于规范网络游戏运营加强事中事后监管工作的通知》，对如何更好地发挥家庭、社会、企业和政府在保护未成年人健康进行网络游戏方面做出明确规定。

第二，加强行业规范化管理。网络游戏行业协会应该在政府的支持下，形成行业自律相关规定，促使网络游戏经营者在设计开发游戏、推广宣传游戏和管理运营游戏整条产业链上遵守行业设定的相关规定。对积极遵守行业规定者进行奖赏，对破坏行业规定者进行惩戒，造成行业重大损失者应限制其进入该行业的资格。

第三，设立法规鼓励绿色游戏开发和网络游戏技术创新。相关部门在政策上应给予绿色游戏开发企业和个人以支持，鼓励全民参与绿色游戏的探索和开发，打破现阶段成人游戏占领游戏市场的局面；给予积极进行网络游戏技术创新者以奖励，设立分等级制度，运用新标准将网络游戏归类分级，在技术上避免青少年接触不健康游戏。

第四，完善青少年网络保护法。我国现阶段专门针对青少年网络保护的法律法规尚不完善，只是以只言片语的形式出现在其他专门的法律法规中。完善青少年网络保护法,应该细化到禁止成年人教唆青少年玩不健康的网络游戏、保护青少年上网隐私等内容,并完善其他相配套的法律法规。

第二节　校园是心灵氧吧

你知道吗?

学校管理,指学校管理者通过一定的机构和制度,采用不定期的手段和措施带领和引导师生、员工,充分利用校内外的资源和条件,整体优化学校教育工作,有效实现学校工作目标的组织活动。学校管理以“育人”为主要目的,手段更加人性化,这与其他物质生产领域的管理活动有着根本的差异。

一、尊师重教,虚心好学

师生关系是指教师和学生在教学过程中结成的相互关系,

包括彼此所处的地位、作用和相互对待的态度等。这个定义有两层意思,一是指师生关系形成的前提和环境是双方处于教学过程中,二是指师生关系是一种特殊的相互对待的人际关系。

中国传统文化中向来重视培养和建立良好的师生关系。春秋末期,孔丘同他的弟子的关系便是古代师生关系的典范。他热爱学生,循循善诱,诲人不倦;学生对他尊重敬仰,亲密无间。战国时期,荀子用"青,取之于蓝而青于蓝;冰,水为之而寒于水"来比喻学生可以后来居上超过老师。唐代韩愈说:"师者,所以传道受业解惑也。"又说:"弟子不必不如师,师不必贤于弟子……无贵无贱,无长无少,道之所存,师之所存也。"

《资治通鉴》中讲到过这么一个故事:东汉时期,有一个名叫魏昭的人,童年求学的时候,看到郭泰,心想这是一位难得的好老师,便对人说:"教念经书的老师是很容易请到的,但是要请到一位能教人成为老师的人,就不容易了。"所以他就拜郭泰为老师,而且派奴婢侍奉他。但是郭泰体弱多病,有一次生病时,他要魏昭亲自煮粥给他吃。魏昭端着煮好的粥进屋时,郭泰却呵责他煮得不好,魏昭就再煮一次。这样一连三次,到了第四次,当魏昭再一次端着粥和颜悦色地进屋时,郭泰笑着说:"我以前只看到你的外表,今天终于看到你的真心啦!"于是大喜,将毕生所学全部教给了魏昭,而魏昭也终成大器。

故事中主人公魏昭童年便开始求学,可见其好学之心。在求学时他尊师重道,对有名气并能传授自己知识的师者,始终保持谦逊,充满敬意。在拜师过程中,郭泰多次考验均没有使他产生一丝动摇,他对师长的尊敬以及思贤若渴之心,最终打动了郭泰,授予其毕生之所学。魏昭能成为东汉时期知名的儒学家,和他虚心好学、尊师重道的品格密不可分。其实但凡熟悉历史之人,便会发现尊师重道的思想贯穿古今。“一日为师,终身为父”,旧时,师所授的是谋生之技、为人之本,如果丢弃了基本的师生礼仪,那么和谐的师生关系就不复存在。

反观今天,师生关系却有了很微妙的变化,虽然很多调查都显示,师生关系和谐仍是主旋律,但是在实际的校园生活中,不和谐的声音还是会时时响在耳侧。现在的师生关系中比较明显的问题有:

一是学生与教师的情感关系淡薄。有些学生认为与教师的情感交流不多,平时除了上课没有别的接触;还有一些学生认为与教师的关系紧张,平时见到教师会紧张不安,与教师的交流仅限于作业和纪律。出现这种趋势的原因一方面是因为应试教育体系下,教师对学生的关注仅停留在成绩上,另一方面是因为现今学生接触的事物更多,眼界也更广,对于教师不再是古人那种完全信服的态度。与教师关系淡薄的学生更容易出现厌学的情绪,如果这种厌学情绪没有及时得到疏导,久而久之,学生就会逃避学习,寻求更大的刺激来弥补在学业上的空缺。网瘾问题专家陶宏开教授的话一语中的,他说:“在应试教育的指挥棒下,中国的孩子们在巨大的压力下丧失了求知的欲望,机械地死读书,这样很容易引发厌学情绪,进而逃课、上网吧,最后沉迷于网络。”

二是学生与教师之间的信任度下降。与过去把教师当作“第二个妈妈/爸爸”,向教师倾诉心声的情况相比,现在的青少年不再对教师充满信任,放心地向教师倾诉自己的烦恼或哀伤。这会导致青少年更容易钻牛角尖,走进思想的死胡同出不来。在找不到倾诉的对象时,他们只能依靠网络游戏来发泄情绪,从而更容易对网络游戏产生依赖,甚至成瘾。

“亲其师,则信其道;信其道,则循其步。”处理好师生关系,对青少年的成长有着至关重要的作用。良好的师生关系,能让平凡的学生更加优秀,能让沉迷于游戏的学生迷途知返。一位好的老师,从来都既扮演“传道”“受业”的角色,又扮演“解惑”的角色。

第一,给师生松绑,让学习成为快乐的过程,而不是仅为分数疲于奔命。在应试教育的重压下,成绩是学生的命根,排名和升学率是教师的命根,部分教师在此重压下,会挖苦、嘲笑成绩差的学生,使得学生的自信心和积极性受挫,甚至与教师发生冲突。“成绩至上”不应该成为教师评价孩子的唯一标准,教师应该对孩子的个性、爱好、特长进行挖掘,并指导其发展,因材施教。

第二,不妨做个“知心姐姐/哥哥”,关注孩子的心理健康。师生关系,除了单纯的教与学,更多的是情感上的依赖,表现为学生对教师的尊敬和信任以及教师对学生的关心与呵护。青少年网络游戏成瘾在一定程度上属于心理问题,对游戏成瘾的学生进行心理疏导,很有必要。然而在实际的校园生活中,“心理辅导员”这个岗位形同虚设，教师很少会主动找学生谈心，学生心里有解不开的结时更不会主动找教师倾诉。学生和教师之间，似乎有一条无法逾越的鸿沟。改善师生关系，前提在于师生双方有效沟通。在师生关系中，教师掌握着很大的主动权，所以作为教师，应做好青少年心理健康指导工作，主动了解青少年在学习、生活和情感上的困难，引导青少年寻找合适的减压方式，不歧视、不排斥网络游戏成瘾的学生，用爱与关怀唤醒他们对现实生活的热爱。

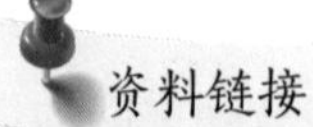

罗马帝国基督教思想家奥古斯丁提出了“原罪说”，他认为孩子生下来就有罪，需要教师对孩子进行严苛的管教。这个观点支配了欧洲教育近千年。后人又提出了“教师中心论”，认为教师是“整个教育系统的中心”。一直到文艺复兴时期，法国的卢梭旗帜鲜明地反对“原罪说”。到了19世纪末，欧洲的教育家们开始四处奔告“儿童是中心，教育的措施便围绕他们而组织起来”。

第三，多方力量助力师生关系改善。影响师生关系的因素有很多，只有各方因素得到调整和平衡，师生关系才能往更好的方向发展，所以，师生关系的改善还需要社会对教育事业的支持、教育体系的优化改革、良好的校风校纪、家庭教育启蒙、家长与教师的沟通等多种因素的配合，这样才能最大限度地让师生关系回归美好，使教师成为学生的引路人，以丰富的学识和独特的人格魅力去影响学生。

二、让孤独学生不再孤独

在校园中，我们总会看到一个个活泼的身影，奔跑在阳光下的操场上，他们是校园中一道青春亮丽的风景线。这时我们往往容易忽略在操场的角落中、在教室的座位上、在校园的走廊上，有这么一帮孩子，总是孤孤单单，他们将自己封锁在自己的世界中，不敢抬头看天空，不敢与同学交流，内心孤寂、自卑，极其渴望得到别人的关注，却又不敢迈出第一步。

据广西《生活报》报道，广西某中学的皮蛋同学家中经济条件良好，成绩优秀，皮蛋的父母根据他们的社会阅历帮皮蛋选择未来的文理科方向并填报了志愿，根本没有考虑到皮蛋本人的意愿。自从高中文理分科，皮蛋越发讨厌父母为其所选的方向，成绩跟着一落千丈。皮蛋开始厌学，慢慢地开始逃课，不喜欢跟班里同学交流，不愿意接触课内及课外知识。他每天逃课睡觉、玩游戏、浏览网页，与舍友们的关系也慢慢地发生了变化，他们之间的交流越来越少，他觉得身边没有可倾诉之人，于是干脆把自己封闭起来，极少与人沟通，除了吃饭，几乎足不出户。期末考试时，皮蛋的成绩频频亮起红灯，他因此被迫留级。

报道中的主人公皮蛋因父母为其选择了他们认为好却不是

他自己喜欢的学科方向而产生抵触情绪，却又不懂得如何与父母沟通，父母也没注意到他微妙的情绪变化，及时开导，最终导致他没有得到适当的情绪宣泄，渐渐地变得孤独、自我封闭。在他无法找到适当的情绪宣泄途径时，网络便成了最好的选择，他开始沉迷于网络，荒废学业，逃避现实生活。最终的结果也令人惋惜。假如皮蛋是个开朗、阳光的大男孩，在选择学习方向时能跟父母沟通，请父母充分结合自己的喜好给予建议，并在学习中多与同学、老师交流，学会合理地表达情绪，可能就不会成为有这样令人惋惜的结果。

国际儿童心理组织将这样的孩子称为“孤独儿童”。据不完全统计，有孤独倾向的青少年比例在世界范围内呈现出增长的趋势。这些孩子的成长道路往往更加曲折，他们很容易走向两个极端——要么为了引起别人的注意，做一些过激的事情或者有攻击性的行为；要么沉浸在自己的世界中无法自拔，或在游戏中寻找存在感，或走向自闭，形成畸形性格。

虽然没有直接的证据指出，青少年沉迷于网络游戏的直接原因是孤独，但是不少研究显示，孤独是青少年沉迷于网络游戏的诱因，青少年的孤独感与网络游戏成瘾呈显著的正相关，且孤独男生的网络游戏成瘾率显著高于女生。

走进这些孤独的花朵，对他们张开热情的双手，用爱打开他们的心扉，让他们在最美的年华里可以自信地沐浴在阳光下，而不是躲进游戏中，需要建构一个温馨的校园环境。

第一,打造轻松的交流环境,让孤独的孩子也有话可说。孤独的孩子,往往害怕在别人面前讲话,轻松愉快的交流环境有利于孤独孩子放下心中的包袱,勇敢说出自己心中的话。一旦这些孩子在某次交谈中获得了愉悦或者是自信的体验,他们就会慢慢地喜欢表达自己,慢慢地走出封闭的自我世界。此外,教师在日常生活中可以适当地鼓励孩子多说话,比如在走廊上看到孤独的孩子,主动跟他们打招呼,让他们感受到老师的关怀,久而久之,他们便也会主动地与别人打招呼,形成一种习惯性开口的模式。

第二,集体的爱是照亮孤独孩子心路的明灯。每个青少年都害怕自己被集体抛弃,都希望自己在班集体中是受人欢迎的,集体的鼓励和爱,对于孤独孩子重新走进充满阳光的世界有着至关重要的作用。学校可以在班会或者课外活动时,多设置一些能让孤独的孩子融进班集体的合作型活动。比如分组的时候将活泼开朗的孩子与沉默内向的孩子分成一组,让孩子向同伴学习;又比如在孤独孩子生日的时候,以班集体的名义送给他一份小礼物,告诉他班集体是爱他的,让他感受到班集体的关心。

第三,帮助孤独孩子找回自信。自信,是一个孩子挺起腰板与同学老师交谈的脊梁骨。有孤独倾向的孩子,心灵都比较脆弱,经不起挫折的打击,他们常常会觉得自己比不上别人,所以选择活在自己的世界中,以为那是最安全的港湾。帮孩子找回自信,可以通过发掘孩子身上优点的方式,比如诚实、肯干、能吃苦耐劳等。只要用心去寻找,总会发现孩子身上的闪光点,然后找一个合适的机会,通过表扬的方式告诉孩子他的优点,激发孩子的信心。此外,还可以帮助孩子设立一个目标,并帮助他一步步达到这个目标,让他看到自己的能力,肯定自己的能力,从而重新找回对生活和学习的信心。

孤独的孩子本来就比健康的孩子更需要爱与关怀,学校应该把注意力投向这些隐匿安静却暗流涌动的角落,关注孤独孩子的心理,及时进行疏导,并积极创造条件,帮助孤独孩子走出因孤独而迷失在网络游戏中的困境。

三、网络使用须适时适度

网络时代的到来,改变了人们的生活方式,颠覆了人们的生活观念。正确使用网络,能为人类造福;反之,则会给人类带来灾难。其实很多时候,网络沉迷和网络游戏沉迷密不可分,青少年偏爱网络的匿名性、虚拟性、娱乐性,在网络世界中,他们不仅能开怀大笑,还可以“功成名就”,获得极大的心理满足感。

爱因斯坦曾经说过:“科学是一种强有力的工具。怎样用它,究竟是给人类带来幸福还是带来灾难,全取决于自己,而不取决于工具。”《史记》里有这么一句话:“善战者,因其势而利导之。”所反映的哲理是顺着事物发展的方向,将其引导到有助于实现目的的轨道上,通常能更容易地获得成功。网络并不是洪水猛兽,只要对青少年引导得当,帮助其建立正确的网络使用观念,网络也可以让家长、老师放心，成为孩子学习成长的第二课堂。

首先，大力创建校园网站，利用校园网站引导青少年树立正确的网络使用观念。长期以来，校园网站在师生中的存在感不强，很多学校的校园网站更新周期长、内容刻板、可读性差、网页设计感不强，很难吸引本校学生登录。甚至有一些学校，连校园网站都没有，这一做法无疑是将网络这一高地拱手相让于外部的网站。需要大力改进校园网站目前的情况，增加人力物力，在设计上更加精美，加入青少年喜欢的内容，完善校园网站的功能，甚至可以在上面适度设置网络游戏，使青少年能在校园网站上获得身心的愉悦。从青少年的需求出发，从网站的功能设置上引导青少年改变对网络的观念：网络不是隐晦黑暗之处，而是光明学习之地。

其次，引导青少年科学认识网络架构，学会“取其精华，去其糟粕”。教育青少年学会“去伪存真”，开展网络虚假辨别活动，在活动中教育青少年用批判的眼光去发现网站中的虚假信息，引导其分辨一个网站的可信度。教育青少年学会从“多多益善”到“去广求精”，从形形色色的网络内容中，认清本质，增强对网络不良信息的抵抗力，学习优秀的网络文化。

最后，树立正确的情感态度，为快乐寻找安全的领地。青少年多有离苦趋乐的心态，追求快乐，这无可厚非，但是快乐不是“娱乐至死”，而是“节制有度”。应引导青少年认识自己的内心世界，审视自己的行为举止，学会克制自己的欲望，把精力投放在学习

沉湎于网游，生活就越发虚幻了

和交友上，而非一头扎进网络游戏。此外，还应帮助青少年树立对“快乐”定义的认知：快乐也可以是因为在某方面获得了原先没有的技能。这带来的成就感能使青少年释放天性、放松身心。

喻国明教授曾指出：“媒介的选择和使用是一种素养，它的养成需要知识、经验和积累，也需要智慧、悟性和更新。虽然它本质上属于‘终身学习’的范畴，但是媒介素养的学校教育却是其中最为重要的一个环节。”学校教育对于帮助青少年树立正确的网络使用观念的作用是别的教育所无法替代的，必须让学校教育这个引擎驱动起来，引导孩子正确认识网络、使用网络。

资料链接

美国学者保罗·萨弗曾提出过一个著名的“三十年法则”的假设，用来描述新技术的扩散：“第一个十年，许许多多的兴奋，许许多多的迷惑，但是渗透得并不广泛。第二个十年，许许多多的潮涨潮落，产品开始向社会渗透。第三个十年，‘哦，又有什么了不起？’只不过是一项标准技术，人人都拥有它。”我国的青少年大多出生于互联网时代，在互联网的陪伴下成长起来，对于互联网的认识早已到了“哦，又有什么了不起”的阶段。互联网已经成为青少年日常生活中天天接触的事物——精神空虚时可用来学习充电，寂寞无聊时可拿来娱乐消遣……

四、注意力管理是门学问

注意力，指人的心理活动指向和集中于某种事物的能力。简而言之，就是做一件事情时达到全身心投入的能力。它是开启一个人的记忆能力、观察能力、想象能力和思维能力大门的钥匙。俄罗斯的教育家乌申斯基曾经说过：“注意力是我们心灵的唯一门户，意识中的一切，必然都要经过它才能进来。”对青少年而言，若能在这个黄金时间段中将注意力集中在学业上，对未来的发展是大有裨益的。

不少实践表明，如果某学生在课堂上经常出现眼神飘忽、坐立不安或者是转笔、打扰同桌听课的行为，则证明该生对教师讲课的内容注意力不够集中。这一部分学生，往往会因为上课注意力不集中，对教师授课的内容不求甚解，导致该科目成绩不理想，因而上课的时候更加无法集中注意力听课，进入死循环。这样的学生很容易被“边缘化”甚至被“孤立”，这样一来，他们迷恋上网络游戏的概率就会大大增加。

帮助青少年集中注意力，实际上是在帮助他们打开心灵的开关，帮助他们主动地、有目的地将自己的精力集中。英国教育家约翰·洛克曾说：“教师的巨大技巧在于集中与保持学生的注意。”具体可以包括：

第一，帮助青少年培养学习兴趣。《论语》中有言：“知之者不如好之者，好之者不如乐之者。”这句话强调了在学习中“乐”

的重要作用。教师是青少年学习路上最重要的领路人,要注意在课堂上发掘、培养学生的学习兴趣,改变单一的课堂授课的形式,采用多样化、个性化、灵动活泼的上课方式来吸引学生,让课堂真正成为学习的乐园,而不是“刷分”的场地。对本来就对学习抱有较大兴趣的学生,要适当地鼓励;对暂时提不起兴趣的学生,则要给予更多的关怀,帮助他们发现学习的乐趣。

第二,摈弃“题海战术”,优化教学方法。在升学率的重压下,很多教师都会选择“题海战术”,这样的教学方式常常会使学生在枯燥的书山题海中无所适从,更别说提起兴趣了。一个优秀的教师,当然也会让学生通过题目来巩固已学过的知识,但是“授人以鱼,不如授人以渔”,他们更擅长的是,教会学生举一反三的思维方式,帮助学生找到解决问题的方法。这样的教学模式,无疑可减轻学生身上的负担,也更容易帮助学生集中注意力、增强自信心。

第三,重视授课者的精神面貌和情绪状态。学校应关注教师的精神世界和情绪状况,精神状态不好的教师无法在三尺讲台上发出应有的光辉。教师的授课其实是一场“表演”,要想完全笼络“观众”的心,真得花上一番心思去“打扮”。此外,教师的语言魅力是激发学生注意力的另一法宝。教育家苏霍姆林斯基指出:“教师的语言素养在极大程度上决定着学生在课堂上脑力劳动的效率。”可见,学生的思维随着教师的语言而转动,富有感染力的语言环境更有利于学生集中注意力。

五、别把虚拟与现实混为一谈

著名诗人北岛曾经在他的作品中把生活比喻成一张“网”,而随着社会科技的不断发展,生活这张无形的“网”铺到了现实中,互联网将生活中毫无关系的人牵扯在了一起,遥隔万里的人同时住进了“地球村”。互联网时代的到来,给生活带来了很多便利,但也由此引发了很多问题,互联网让人渐渐模糊了虚拟与现实的界线。

网络上曾经有过一个在社会上激起千层浪的帖子:一位小学生在网吧通宵玩网络游戏《英雄联盟》,第二天早上回家,有点迷糊了的他,在路上走着走着,不知不觉地躲进了路边的草丛中,有人经过的时候,他拿着从草丛中捡到的小木棍从草丛里跳出来,挥舞着木棍,嘴里大喊:“德玛西亚万岁!”

很多青少年对网络游戏完全没有抵制力,极易上瘾。他们自制力差,容易在网络游戏中沉迷,甚至分不清现实与虚拟,把自己当成游戏中的角色,以为在现实世界中仍扮演着游戏中的角色,这极易导致青少年暴力行为,甚至犯罪。

很多青少年在沉迷于网络游戏之前,首先是对现实生活失望,或者说是在现实生活中找不到存在感,与其说这些青少年沉迷于网络游戏,倒不如说他们在网络游戏中找到了自我存在的价值,找到了现实生活中缺位的存在感和使命感。模糊的虚拟世界和现实世界的界线,让这些分辨能力较差的青少年把现实中的情绪带到游戏中去,而把虚拟的技能运用到现实生活中来。比如有的青少年在游戏中拥有杀伤力比较强的技能,在现实生活中与别人发生争执的时候,就以为自己真的拥有此类技能,而对意见不同者大打出手。为什么青少年会如此沉湎于虚拟的世界呢?究其原因,无非有以下两点。

第一,在虚拟的环境中,社会地位得到提升。在很多家庭中,家长对青少年的关注度不高,父母忙于生计,忽视了孩子对爱的渴望。缺乏家庭关爱的孩子往往会变得沉默、内向、不爱说话。这样的孩子在学校里,也最容易被边缘化。他们的成绩不是最优秀的,也不是最差的,他们可能不爱捣蛋,所以也无法引起老师过多的关注。在现实生活中,这一类孩子的内心世界虽然丰富多彩,但没有倾诉的途径,为了体现其存在感,他们只能转投虚拟世界——在网络游戏中,他们可以是拯救世界的英雄,可以是行侠仗义的侠客,可以是一呼百应的王者,多重社会角色的设定,满足了他们的诉求,也自然让他们无法自拔。

第二,在虚拟的环境中,话语权是开放的。每个人都有表达自己愿望的冲动,当表达自我的需求在现实生活中无法实现或者被抑制的时候,网络的功能就显得尤为突出。网络游戏的匿名性和角色的多样性,给了正在成长的青少年天马行空自由表达自我的空间,他们在这个虚拟的世界里,说着现实生活中无法诉说或者是无人倾听的情绪,网络游戏成了承载他们情绪的空间。

埃及的传说中曾经讲到，人们正在进行第二次出走，重写历史。而这一次出走是以一种逃离的形式，从现实中出走，逃往虚拟世界。异常信任虚拟世界的体验和规则，以至于虚实不分，把虚拟世界的法纪无边地带到现实生活中，会在青少年的成长中埋下一颗定时炸弹。最近的研究显示，电子产品会刺激前额叶皮质，前额叶皮质主要控制大脑执行功能以及冲动，这一刺激方式与可卡因别无二致。电子产品所营造的虚拟世界氛围逼真，会提高人脑分泌的多巴胺的水平。多巴胺是一种神经递质，让人感到愉悦，会使人上瘾。上百次的临床研究显示，沉迷电子产品会引发抑郁、焦虑以及狂躁，甚至类精神病的症状，导致电子游戏玩家与现实世界脱节。教育工作者如何帮助青少年扫除他们成长路上的“定时炸弹”，引导青少年分清现实世界与虚拟世界，是一个值得深思的问题。

第一，预防为主，青少年接触网络游戏的时间应该有所节制。俗话说，一分钟的预防胜过十分钟的治疗。美国儿科学会曾在2013 年发布的一项调查中写道：8—10 岁的孩子每天花费 8 小时接触各种电子产品，而年纪更大的孩子每天有 11 小时是坐在屏幕前的。每 3 个孩子中就有 1 个在学会说话前就已在使用平板电脑以及智能手机。[1] 金伯利 · 扬博士指出，有 18% 的美国大

---

[1] Dr. Nicholas Kardaras. It's “digital heroin”: How screens turn kids into psychotic junkies [N]. *New York Post*, 2016-08-27（05）.

学生饱受电子产品成瘾的困扰。[1]我国青少年的情况也大致如此。青少年接触网络游戏的时间越长,就越享受网络游戏带给他们的快感。学校应该联合家长共同发力,严格控制青少年接触网络游戏的时间,引导青少年适当分配自己的课余休闲时间,寻找不同的娱乐方式。

第二,做孩子的朋友,让孩子感受现实世界的美好。众所周知,很多孩子在虚拟的世界中寻求刺激的原因在于他们在现实生活中常常感到孤独,感到与周边的人无法相处,对生活充满失望。帮助青少年摆脱困境的方法就是让他们去接触真正的生活,鼓励他们跟身边的人去交谈,建立起真切的交往,与身边的人交朋友。教育者要重视帮助青少年走进现实世界。一般来讲,喜欢做创造性游戏以及与家人、老师、同学交流较多的孩子,在现实生活中遇到困难时,会更加坚忍不拔地去面对挑战,而不是转向虚拟世界中去寻求安慰。

---

[1] Young K S. Internet Addiction: The emergence of a new disorder [J]. *Cyber Psychology & Behavior*, 1998, 1(3): 237—244.

第三节　亦师亦友是父母

你知道吗？

家庭管理以家庭为主要研究对象，以提高家庭生活品位、强化家庭成员素质、促进家庭成员之间的关系、整体提升家庭幸福指数为目的，通过学习和管理的方式来提升家庭的幸福感。

家庭管理分为五大类：家庭教育管理、家庭关系管理、家庭健康管理、家庭文化管理、家庭财政管理。其中，位于首位的是家庭教育管理，指家长对子女的管理。

家庭是孩子生活和学习的重要场所，家庭教育对于孩子来说至关重要。

一、家庭的潜移默化功能

所谓潜移默化，可以理解为感化教育，就是让孩子在无意识的、自觉的情况下，受到一定环境的影响和熏陶。《颜氏家训》有云："是以与善人居，如入芝兰之室，久而自芳也；与恶人居，如入鲍鱼之肆,久而自臭也。”所以,父母要为孩子创造良好的成长环境,在潜移默化中对孩子进行教育,使其养成良好的习惯。

父母是孩子的第一任老师,也是一生的老师。家长的言传身教和榜样示范作用对青少年的成长至关重要。要想减少网络对青少年的消极影响,家长必须做好榜样。俗话说:“打铁还需自身硬。”要想使网络对孩子带来的积极作用大于消极影响,家长必须努力提升自己的网络素养。

一个有网瘾的小学生反映:“以前我上网的时候还心惊胆战的,很怕玩得正在兴头上,爸爸妈妈突然出现,劈头盖脸就是一顿骂,甚至一顿打。现在我不担心了,因为我爸也玩游戏,每天下班回家就到书房玩游戏,并且还特大声,我妈每次说他他都像听不见似的,所以我就跟他学。他们每次说我的时候,我就一个耳朵进,一个耳朵出,烦了的话我就顶撞他们:‘我爸不是每天也都玩网游吗?’‘老爸你还好意思说我,我玩游戏都是跟您学的。’……我爸又气又恼,打我但我不服,因为他自己都在玩,凭什么来教育我!”

上面这个例子反映出父母在家庭教育中不为孩子树立好榜样带来的后果。从孩子的话中我们得知两个重要信息:一是在这个家庭中父亲玩游戏,并且因为父亲玩游戏孩子越发肆无忌惮;二是平时父亲玩游戏,母亲劝说的时候,父亲的态度是不屑一顾的,导致后来孩子在玩游戏的时候对父母的教育表现出不屑的态度。身教重于言传,如果家长在网络世界中流连忘返,甚至沉迷于网络,孩子必然会受到影响,他们极有可能会效仿家长的行为,从而养成不良的上网习惯。所以,家长一定要注意自己的网络使用行为,提高自己的网络文化素养,为孩子树立一个好的榜样。

二、改进传统的家庭教育方式

大部分家长都望子成龙,他们中的一部分将分数作为衡量成才的标准,认为学习成绩越好能力越强。所以,很多家长给孩子从小就灌输"搞好学习成绩才是成才的硬道理"的观念。

家庭教育方式不同,对青少年心理的影响也不同。家庭是未成年人社会化的首要场所,对孩子的人格塑造有着奠基的作用;家庭还可以强化或削弱外部环境的影响。[1] 一般可以将家庭教育方式分为三种:民主型教育方式、放纵型教育方式、权威型教育方式。[2]

在采用民主型教育方式的家庭中,父母与子女相对平等。父母会采用子女能接受的方式与之沟通,给子女留有较大的个人隐私的空间,沟通时注意给子女自主权,对其爱好不会大加干涉。在孩子遇到问题的时候,会引导孩子分析问题,找出原因,在解决问题时给予指导。这种家庭里成长起来的孩子,一般自控力和

[1] 关颖.关注未成年人、家庭及其城市——青少年犯罪问题的社会学思考[J].青年研究,2004(8):9.

[2] 杨艳茹.家庭教育方式对青少年网络成瘾的影响[J].经济研究导刊,2009(33):267—268.

辨识力都比较强,善于变通,遇事不偏执。他们对于网络虽然也有探索的好奇心,但是从小培养起来的自控力和辨识力会引导他们,不会因过分沉溺于网络而发展成为网络成瘾。

放纵型教育方式和权威型教育方式都不是健康的教育方式。

放纵型教育方式一般是由于隔代教育的溺爱和父母因为工作而忽视孩子的教育。由于生活和工作压力巨大,很多父母选择将孩子放在爷爷奶奶家或外公外婆家,长辈对孩子一般比较娇惯,再加上“树大自然直”的思想,对孩子上网这件事往往采取“孩子开心就好”的态度,不会过多进行干涉。而父母平时工作繁忙,与孩子沟通较少,很多父母甚至不知道孩子上网都干了些什么。

采用权威型教育方式的父母一般都比较严厉,与孩子沟通的方式一般是命令式的或强制式的,在孩子面前父母保持着一种威严。这样的家庭教育方式往往会导致孩子的想法和意愿被忽略。虽然父母是为了子女好,但是,孩子不是一个没有思想的玩偶。由于长期受到控制,青少年的内心需求得不到满足,会产生很强的逆反心理,这只会让他们更想摆脱父母的控制。现实生活中,这类青少年有效排解的途径不是很多,网络迎合了他们的需要,在虚拟的网络世界里,他们可以不受任何人的约束,上网可以让他们身心愉悦、释放压力,所以,一旦接触,就很容易网络成瘾。

综上所述,选择适当的家庭教育方式显得尤为重要。

第一,营造民主、和谐的家庭氛围。民主、和谐的家庭氛围不是我“说”你“服”，而是家长与孩子在平等的基础上进行朋友式的交流，双方都有表达自己意愿的权利。当作为家长的父母发现孩子有不良上网习惯的时候，不要急于训斥，要摆事实、讲道理，提高子女的认识。可以通过谈话的方式，保持平静、温和的态度，不要板脸训斥，避免单方向的灌输，让孩子真正认识到问题，真心接受意见。

第二，奖罚得当，评价合理。奖赏与惩戒都是对子女日常品行的评价，所以父母在做这些评价的时候要公平合理。通过奖赏、惩戒让孩子明白什么是对的，什么是错的，这样就可以激励孩子继续发挥长处，避免再犯类似的错误。父母在进行评价的时候要公平，不能因为自己心情不好就随意惩罚孩子，也不能因为自己心情好或者子女撒娇就毫无原则地给予表扬。

第三，恰当施爱，建立契约。父母爱孩子是本能，但是这种爱要恰当，过分的爱就成了溺爱。在满足孩子正常需求的同时要对孩子进行教育，不能认为只要把孩子交给学校就万事大吉，家庭教育在某些方面要发挥更多的作用。所谓建立契约就是帮助孩子从小养成契约精神，学会担当。在父母面前，孩子总喜欢用撒娇的方式博取欢心和同情，百试不爽。在孩子上网这件事情上，父母可与孩子“约法三章”，如若违背，孩子就要接受契约所约定的惩罚。

现在的青少年是伴随着互联网的发展而成长起来的一代，父辈所接触的文化与青少年所接触的文化存在着很大的差异，这势必会造成两代人在思想观念、行为方式等方面的差异和冲突。现如今“文化反哺”现象越来越普遍。家长过分关注孩子的学习成绩,对孩子不断施压,当孩子不能承受这份压力或者感觉这份压力让自己不舒服的时候,就会寻求符合他们年龄段的发泄方式——网络。

文化反哺:在急速的文化变迁时代所发生的年长一代向年轻一代进行广泛文化吸收的过程。

上海某家长看到上初三的儿子放学回家总玩电脑,这让他很不安,他担心马上要中考的儿子会因此而成绩下降,所以干脆把电脑密码换了。没想到这一行为激怒了儿子,自此他放学后就跑到网吧去上网。

许多家长在互联网使用方面的知识非常欠缺,小部分家长甚至根本没有接触过网络,所以,面对孩子网络成瘾的情况往往束手无策。要想正确引导孩子使用网络,父母就应该多多了解网络文化,对网络有正确的认识,不要把网络看成洪水猛兽,要对网络做出公正客观的评价。同时,父母应该为孩子营造一个良好的上网环境,有条件的话尽量让孩子在家上网,一则可以减少游戏或不良网站的引诱,二则可以随时掌握孩子的上网情况。再者,父母要帮助子女了解互联网的优势和弊端。正确利用互联网,可以开阔视野、锻炼思维、丰富课外知识等;不良的上网习惯不仅影响学习成绩，也不利于青少年身心的发展。所以，父母应告诫子女在浏览网页时不要随意点击来历不明的网站，尽量少玩或者不玩网络游戏，控制好上网时间，避免网络成瘾。

另外，家长要全面学习家庭教育知识，系统掌握家庭教育科学理念和方法，自觉地用正确的思想、正确的方法、正确的行动教育引导孩子；不断更新家庭教育观念，坚持立德树人导向，以科学的育儿观、成人观、成才观引导孩子逐渐形成正确的世界观、人生观、价值观。同时不断提高自身素质，以身作则，时时处处给孩子做榜样，以自身健康的思想、良好的品行影响和帮助孩子养成好思想、好品格、好习惯。[1]家长也应该改变原有的不适当的教育方式，尊重孩子的喜好，创建健康和谐的家庭环境，在日常的生活中帮助孩子辨识网络的优缺点，指导孩子正确使用网络。

三、创建良好的亲子关系

随着社会的发展，越来越多的家长认识到不能单单依靠书籍、专家讲座、学校管理或者矫正机构来解决孩子的问题，而应更多地与孩子建立心灵上的沟通，尊重孩子，了解孩子真正的内心所需，与孩子建立良好的亲子关系。

由下图可知，网络沉迷者的父母与孩子不交流或者少交流，

[1] 多位专家共话家庭教育的核心话题——父母，如何与孩子共同成长[N]. 人民日报，2017-06-01（17）.

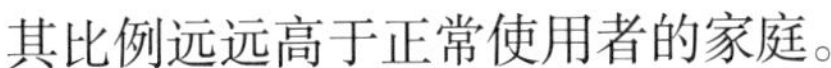

其比例远远高于正常使用者的家庭。

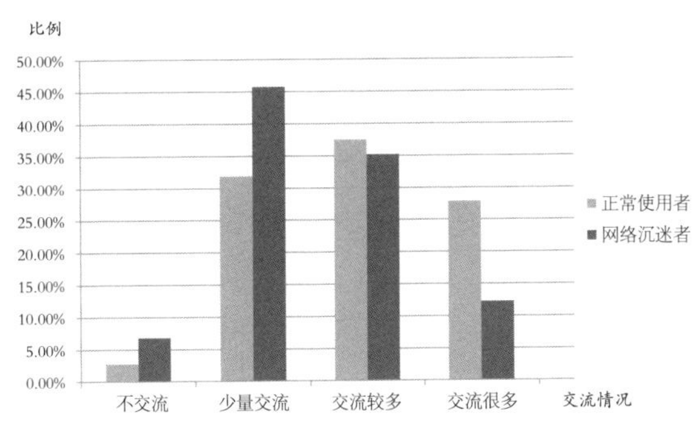

网络沉迷者与正常使用者亲子交流情况比较图[1]

良好的亲子关系是教育孩子的根本,应该是在沟通、彼此尊重的基础上的相对自由、和谐的关系,而不是过度放纵和过度依赖。在良好的亲子关系中,父母不会把自己的意志随意强加给孩子。

据《现代教育报》报道,北京市某初三学生在跟心理老师沟通的时候说:“我觉得在父母眼中,我就是一台学习的机器!平时上课不说,就连寒暑假都会给我报各种补习班,虽然有的科目我根本就不需要补习,但爸爸妈妈还是认为如果不补习就会落后于别人。这让我真的感觉压力很大,天天盼着高考,考完就可以离开父母了……从我上学起,父母跟我聊天句句不离学习,还会说谁谁谁家的孩子这次考了第几名、得了全市什么奖……在他们心中我永远比不上他们同事的孩子……有时候我不想听他们

[1] 郭开元. 未成年人网络沉迷状况及对策研究报告 [M]. 北京:中国人民公安大学出版社,2011:152.

唠叨，就会戴上耳机打游戏，这样就可以沉浸在自己的世界中了，也可以暂时忘却那些烦恼……”

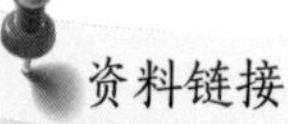

资料链接

哈佛大学博士岳晓东在北京召开的“网络成瘾高峰对话视频会议”中说：“行为主义理论认为，网络成瘾是一种习惯的养成，比如学习压力大，或者遇到不开心的事，就到网上释放，并形成条件反射。于是越来越放纵，最后逐渐上瘾，网络成瘾是条件反射的积累。”

上面这个例子很清楚地反映了父母在和孩子沟通过程中存在的矛盾。父母“望子成龙，望女成凤”的思想体现在行动中让孩子难以承受，于是主动寻求心理老师的帮助。这个孩子的父母在教育孩子时所用的方法并不明智，甚至可以说很落后和愚昧，这样的沟通不仅没有走进孩子的内心，反而会引起孩子的逆反心理。

家长如何与孩子建立有效的沟通，走进孩子的内心呢？我们认为，关键在于对孩子的态度，其中尊重、信任、爱与理解尤为重要。

第一，平等对待，尊重孩子。首先要给孩子提供安全感、尊重、亲密与爱等情感支持。尊重孩子的人格和尊严、爱好与选择、思想与观念，这是父母教育孩子的根本。孩子虽小，但也有自己独立的人格，在他们的内心深处还是非常渴望能与父母沟通，告诉父母他们安排的并不是自己所喜欢的。

资料链接

据中国社科院人口所等单位发布的《2017国民家庭亲子关系报告》显示，目前“80后”“90后”已经成长为国民有孩家庭的核心力量。“90后”父母中，每天陪伴孩子“1—2小时”及“3—5小时”的比例分别为34.9%、28%，多于“70后”“80后”父母。“90后”父母不崇尚棍棒文化，更重视沟通。孩子说谎时，“70后”“80后”父母“生气，但会耐心讲道理”，比例分别为41.4%、41.2%，而“90后”父母则觉得更应该了解动机，选择“认知沟通，了解背后动机”的比例最高，占39.2%。

第二，寄予希望，给予自信。传统的中国式父母特别喜欢将自己的孩子与其他孩子进行比较，虽然出发点是为了激发孩子的上进心，但是往往会产生相悖的结果。这会让孩子很失落、不自信，甚至产生嫉妒心，仇视被父母赞美的孩子。这会对孩子的身心发展产生严重的不良影响，甚至会使孩子性格扭曲。

第三，学会倾听，学会倾诉。父母倾听孩子，孩子倾听父母，相互认真倾听对方的心里话，表达自己的意见，亲子关系就会和睦很多。很多父母看见孩子上网，就千方百计地阻拦，这是不正确的。首先，这是对孩子的不信任；其次，作为父母，没有认识到孩子为什么上网、孩子的内心深处是怎样的。正确的做法是父母应该换位思考，理解孩子，并且积极地引导孩子正确上网。

你们让宝宝跟手机玩啊?

四、上网时间的家庭契约

从下面两张图中可以看出，未成年网络沉迷者玩网络游戏的时间和频率都远远高于正常使用者。自从20世纪90年代互联网出现以后，研究者发现过分沉溺于网络的人其生理或心理容易出现相关疾病。澳大利亚圣母玛利亚大学医学院的罗伦斯·兰

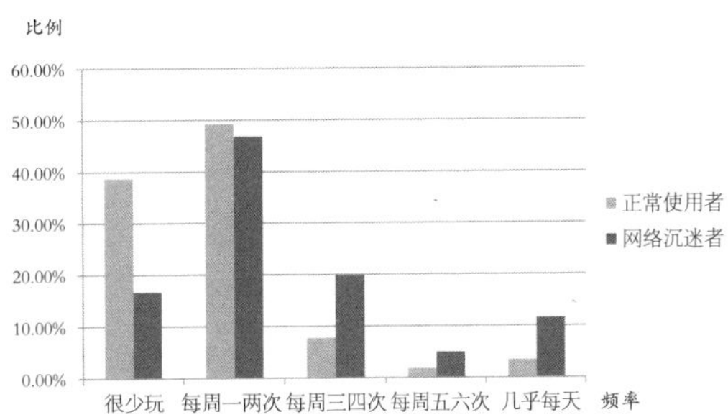

网络沉迷者与正常使用者每天玩网络游戏的频率比较图[1]

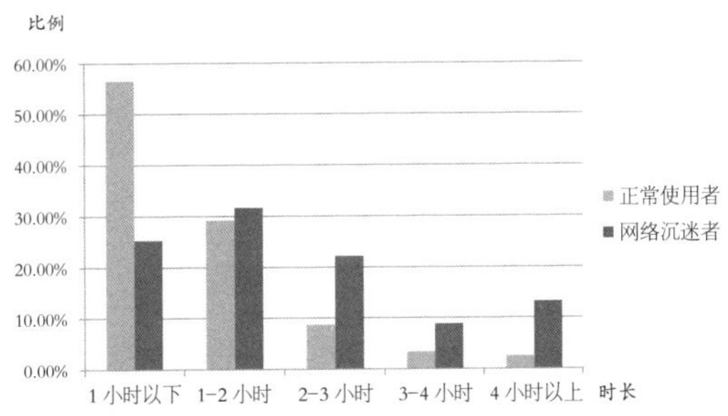

网络沉迷者与正常使用者玩网络游戏的时长比较图[2]

[1] 郭开元.未成年人网络沉迷状况及对策研究报告[M].北京：中国人民公安大学出版社，2011：142.

[2] 郭开元.未成年人网络沉迷状况及对策研究报告[M].北京：中国人民公安大学出版社，2011：142.

姆作为该研究的首席研究员说:“父母应当对孩子花费过多的时间上网这种行为予以警惕,它可能会对青少年的身体状况和心理健康造成潜在危害,必要时要寻求专业医师的治疗。”

所处地区的经济发展状况与青少年网瘾有一定的联系。城乡青少年网民差异渐趋明显,原因是城镇地区互联网发展水平远高于农村地区。截至 2015 年 12 月,青少年网民中农村青少年网民占比为 27.6%。整体而言,城镇青少年网民各类应用的使用率均高于农村青少年网民。尤其是商务交易类应用,网络购物、网上支付、网上银行、旅行预订和团购的使用率在城乡青少年之间相差均超过 10 个百分点。[1]

资料链接

据中国互联网络信息中心发布的《2015 年农村互联网发展状况研究报告》显示,游戏类应用在农村地区增速稳定,网络游戏用户规模将持续增长。截至 2015 年 12 月,农村网民网络游戏用户规模为 1.05 亿,网络游戏使用率为 53.5%。网络的完善、智能手机硬件的提升大大增加了农村网民上网娱乐的频率,随着农村网民休闲时间的增加,网络游戏农村用户的规模将持续平稳增长。

据《中国妇女报》报道,在河北省某网瘾解除中心,一位家长指着自己胳膊上大概 10

[1] 中国互联网络信息中心 . 2015 年中国青少年上网行为调查报告 [R]. 2016.

厘米长的刀疤哭诉：“孩子玩网络游戏时，我说了他几句，他就跟我争执，这个刀疤就是被他划伤的。”还有一位家长回忆说：“我看到儿子几天几夜不回家，泡在网吧玩游戏，人不人鬼不鬼的样子，真是心如刀割。”一位父亲崩溃地说：“我真是痛恨这些网络游戏！为什么要有网络游戏？我的孩子跟吸了毒一样，每天学不上，饭不吃，脸不洗，睁开眼就玩游戏，我每天白天挣钱累死，下了班还得满城找孩子……”这位父亲的话引起了很多家长的共鸣。

当问及孩子刚接触网络或者网络游戏的时候有没有对其进行干涉时，一部分家长说有过干涉，但是看到孩子就是看个视频、听听歌就没有坚持，等孩子迷上网络游戏的时候，如洪水暴发，根本控制不住，不让孩子在家玩，他就跑去网吧。很大一部分家长在孩子接触网络或者网络游戏之初没有对其进行任何干涉，发现他们网络成瘾的时候为时已晚。很多家长是在被学校叫去说孩子逃学了，才发现孩子每天出门不是奔学校去的，而是去了网吧。

如何控制孩子上网？家庭应从“监管”走向“合作”，实行契约化教育模式。家长与孩子可以就上网问题达成协议，共同约定上网时间和内容，限制孩子在规定的时间段内上网，比如可将孩子每天的上网时间控制在1—2个小时（视孩子年龄而调整）。在这个时间段内孩子可以自由支配，家长不干涉，逐渐让孩子主动养成良好的上网习惯。这样不仅可以规范孩子上网的时间，而且还能使孩子从小养成说话算话、诚实守信的品德。而那些已经沉迷于网络的孩子，则不能让他与网络“一刀两断”，不然只会产生反效果,对待这类孩子,家长应该循序渐进,慢慢减少孩子上网的时间,起初阶段控制在 3 小时左右是比较适宜的。

城乡居民的收入差异,也是导致城乡青少年网络成瘾差异的原因之一。所以,家长不可以无限制地满足孩子的需求,每月最好能固定零花钱的数量并在固定时间给孩子,切断孩子上网的经济来源对预防孩子过度上网有一定作用。青少年则要学会合理分配利用自己的零花钱。父母对孩子实行经济上的管理能帮助孩子学会管理自己的零花钱,这对于有效抑制过度上网有非常积极的作用。

五、改变媒介接触行为

改变媒介接触行为并不是简单地让孩子与网络“一刀两断”,而是将孩子的注意力转移到与其他媒介的接触上来。我国虽然一直在提倡素质教育,给学生减负,但是应试教育的毒瘤仍根深蒂固。过重的学业负担剥夺了学生正常的休息、娱乐的时间,使得充满青春活力的青少年找不到可以发泄的出口,于是便通过上网这种容易产生依赖的方式来释放自己的不良情绪。

截至 2015 年 12 月,中国农村网民规模达 1.95 亿,年增长率为 9.5%。城镇网民总规模为 4.93 亿,增长幅度为 4.8%。网民中农村网民占比 28.4%。从年龄结构来看,除了 20—29 岁青年群体及 60 岁及以上老年群体,其他年龄段农村网民占比均高于城镇。[1]

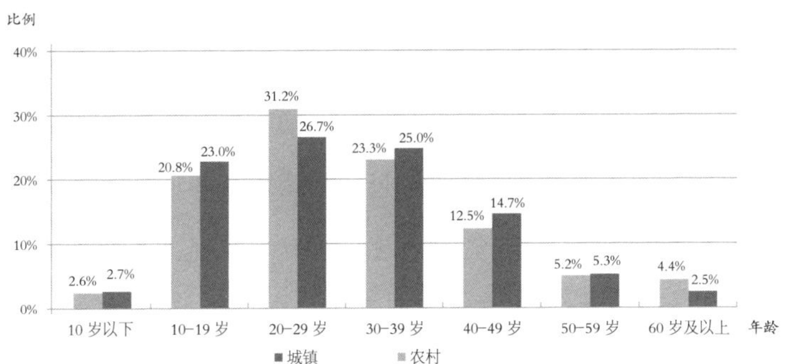

城乡网民年龄结构示意图[2]

根据中国互联网络信息中心发布的《2015 年中国青少年上网行为研究报告》,青少年网民对网络娱乐类应用存在明显偏好,使用率高于网民总体水平。其中网络游戏使用率超出网民总体水平最多,达到 9.6 个百分点。通过对不同学历用户的网络游戏使用率进行分析可以发现,中学生网络游戏使用率最高,达到 70%,高于网民总体水平 13.1 个百分点;大学生网络游戏使用率低于中小学生,有 66.1% 是网络游戏用户。从整体的网络娱乐行为来看,上网看视频和听音乐相比玩游戏更受到青少年网民的青睐。[3]

[1] 中国互联网络信息中心 .2015 年农村互联网发展状况研究报告 [R]. 2016.

[2] 中国互联网络信息中心 .2015 年农村互联网发展状况研究报告 [R]. 2016.

[3] 中国互联网络信息中心 .2015 年中国青少年上网行为研究报告 [R]. 2016.

由以上数据可以得出，与城镇相比，农村由于经济相对落后，上网资源更加有限，所以在网吧上网的青少年比例较高；农村地区留守儿童缺乏足够的家庭监管，无约束的上网行为是网络成瘾的巨大隐患。农村青少年娱乐活动单一，因而上网更注重娱乐。[1]其次，农村青少年在信息接收的过程中缺乏必要的、合理的、科学的指导，对待信息几乎是囫囵吞枣，不加区分、毫无选择地被动地接受。再加上农村青少年的父母大多外出打工，这些青少年大多是留守儿童，成长的过程缺乏与父母的情感交流和情绪倾诉，他们或多或少有孤独感，缺少陪伴，寻求倾诉，这些孩子极易受到网络的影响。所以，在农村，除了沉迷于游戏外，沉迷于网络聊天也是值得关注的一个问题。

想要使孩子不沉溺于网络，就需要改变网络的使用行为。

第一，家长需要广泛引导孩子参与丰富多彩的社会实践活动。丰富并有意义的社会实践活动能够促进孩子的社会化，满足孩子对社会的好奇心，培养孩子良好的行为习惯和道德信念，促使孩子使用网络时更加理性。在国外，孩子往往十几岁时便开始打工，即便周末也要工作，孩子在打工的过程中积累经验并发现现实生活中的乐趣，培养正确的社会和自我意识，这对孩子来说是非常有意义的。

第二，引导孩子尝试多种缓解压力的方式。父母可以在假期

[1] 中国互联网络信息中心．第 24 次中国互联网络发展状况统计报告 [R]. 2009.

或者周末带着孩子出去游玩,参观博物馆,参加各种展览会等,激发孩子对历史文化、科技信息的兴趣。或者根据孩子的兴趣爱好为他选择一些兴趣班等。在法国,娱乐设施随处可见,并且适合多年龄段的孩子。孩子可以骑车、滑板、攀岩、爬绳、打橄榄球等。拥有健康的生活方式,对抵制网络的诱惑和入侵非常有帮助。

第三,对于经济条件相对不好的家庭,在外打工的父母可以利用孩子的假期,抽出几天的时间,接孩子到城市中,让他们感受城市生活的多姿多彩,同时,也可以带他们去自己工作的地方,体验作为社会最基层劳动者的生活。

家庭教育的实质是父母自身的改变,而这种改变的关键是自觉自愿地与孩子一起成长。古人云:“人生至乐无如读书,至要无如教子。”“爱子而不教,犹为不爱也;教而不善,犹为不教也。”所以孩子的成长过程,既是父母自身发展的过程,也是父母承担家庭教育责任的过程。

在青少年网络沉迷这一复杂的问题中,家庭教育居于至关重要的地位。但家庭教育并不是孤立的,它应和学校教育、社会教育一起,形成一个完整的教育体系。

第四节　自我管理是变化的核心

你知道吗？

慎独，是儒家修行的最高境界，指一个人在只有自己的时候，依然能够以最高的行为准则来要求自己。儒家对于慎独的解释是："能为一者，言能以多为一；以多为一也者，言能以夫五为一也。""慎其独也者，言舍夫五而慎其心之谓也。独然后一，一也者，夫五为一心也，然后得之。"其中的"五"指的就是"仁义礼智信"，通称为"儒风五行"。延伸到今天，慎独指的就是一个人的自制力和自我管理的能力。

什么是自我管理？

自我管理（Self-management），指个体对自我本身，对自我的目标、思想、心理和行为等等表现进行的管理，是自己把自己组织起来，自己管理自己，自己约束自己，自己激励自己，自己管理自己的事务，最终实现自我奋斗目标的一个过程。英国思想大师怀特海曾经说过："我们现在仍坚持认为，发展的本能来自内部，发现是由我们自己做出的，纪律是自我约束，成果是来自于我们自己的首创精神。”

对一个成年人来说，要做到自我管理都并非易事，更何况是一个正处于成长期的青少年呢？这就需要青少年在学习自我管理的道路上，花费更多的心力。

一、增强自我对网络的再认识

网络世界，五花八门，包罗万象，切切实实地改变了我们的生活。然而，网络不等同于网络游戏，网络的功能也绝不仅仅局限于打游戏，改变青少年对网络功能的认识误区，首先就要增强其对网络的再认识。

据《南方都市报》报道，广东汕头市的王锐旭（化名）出生在一个经营羊毛生意的家庭里，父母为了照顾生意忙得不可开交，王锐旭7岁开始就独当一面，不仅得张罗各种家务，还要帮着带比自己小两岁的弟弟。

因为工作繁忙，父母没精力管王锐旭。小镇上网吧林立，王锐旭一头栽进了网游的世界中。上初中后，王锐旭更成了网吧的常客，并渐渐成了不折不扣的问题少年。

中考前，王锐旭的家庭遭遇了破产的变故，在沉重的经济负担面前，他终于清醒了，他意识到自己必须学习更多的知识，以改变家庭的命运。通过对网络的充分学习和运用，王锐旭在大学期间创立了网络推广团队，挖到了人生的第一桶金，并在大学毕业后成立了广州九尾信息科技有限公司，在“第三届中国移动互联网博览会暨创业大赛”中，一举拿下第一名，成功获得百万级天使投资。

从网络游戏成瘾的青少年到电子科技商业公司的掌门人，王锐旭一路逆袭的根本原因在于他对网络的重新认知和对网络的充分学习和利用。

1998 年，全美图书馆协会和美国教育传播与技术协会在其出版物《信息能力：创建学习的伙伴》中鼓励全体青少年学会利用互联网提升自己的信息整合及利用能力，让网络成为自己成长过程中的好伙伴，并要求学生负责任地使用信息与信息资源。发达国家在指导青少年认识网络、利用网络方面的做法，走在了很多国家的前面。

2017 年 6 月 14 日，《人民日报》再次提出要打造“网络强国”，必然会面临着切实提升青少年对网络空间的认知和技能的挑战。[1] 为了促进对网络的再认识，形成自发的网络学习观念，改变脑海中网络仅是为了满足游戏娱乐这一单一功能的认知，青少年自身需要努力做到以下几点。

第一，主动接受网络主体教育，使自己在网络使用中占据主导地位。面对诱惑力极大的网络游戏，很多缺乏抵抗力的青少年会深陷其中，成为游戏的奴隶，喜怒哀乐都被网络牵着鼻子走。要

[1] 程程 . 加强教育引导　建设清朗网络 [N]. 人民日报，2017-06-14（23）.

想改变这种现状,青少年必须有意识地成为网络的主人,通过阅读书籍、向老师或长辈请教等多种方式,了解网络运行的原理,掌握网络游戏基本规律及目的,以此提升自己对网络的了解、对游戏的认知,使自己在网络使用中占据主动,而不是被五花八门的内容迷失心智。比同龄人多了解一点,既能使自己不困于网络游戏之中,又可以增长见识,比同龄人多前进一步,何乐而不为呢?

第二,揭开网络的神秘面纱,全面了解网络的功能。网络或者网络游戏,之所以能让成千上万的青少年为此茶饭不思、着迷上瘾,很大的原因在于青少年的一知半解,“越是神秘越是无法自拔”的行为怪圈,导致越来越多的青少年在网络游戏沉迷的道路上越走越远。网络,不仅仅是即时通信和游戏的娱乐工具,更是收发邮件、远程学习、拓宽视野、信息查询等的重要窗口。不妨试着关掉游戏的页面,去了解一下网络的其他功能,尝试着将网络当作自己的第二课堂,在这个广阔的世界里,默默学习知识,赶超比自己优秀的同学,这样所带来的成就感会远远大于在网络游戏中的厮杀。当把网络的基本功能都摸索过了一遍,你会发现,其实在庞大的网络王国里,网络游戏只是一兵一卒,渺小得不值一提,更不值得浪费大好时光甚至为此沉沦。

第三,学会整合网络资源,实现网络接触从量到质的飞越。网络时代,想要避开网络谈成长是不切实际的,聪明的网络使用者,一定是善于在浩如烟海的网络世界里寻找能帮助自己的资源,并整合这类资源的人。对无时不在网络世界中的青少年而言，正确认识网络还应该包括正确认识网络世界带来的资源，当这些资源如同长江之水源源不断地推送到面前的时候，整合就显得尤为重要。其实这个过程也可以是很有趣的。比如说，看到美文佳句时，便可以利用收藏的功能将其进行收藏，或者是利用记事本的功能进行摘抄；看到一条新的资讯时，可以利用分享给好友的功能，把新的资讯传播出去，当然同时也要注意辨别资讯的真伪；在网络上学习到一种新的技能时，便可以将它运用到生活和学习中等等。这样，视野会越来越宽阔，对未来的目光会越来越坚定，不会因为网络游戏带来的短暂欢娱而停下前进的脚步。

二、玩游戏时间的个人把控

有研究证实，上网时间与网络成瘾密切相关，上网时间越长，网络成瘾的可能性越大，网络成瘾往往始于过度上网。[1] 上海市徐汇区的研究也显示，使用计算机主要用于游戏、上网所获得的满足感对中学生网络成瘾的影响作用较大。[2] 无休止地使用网络是青少年网络游戏成瘾的第一步。不可否认，适度地玩网络游戏，对于青少年开拓思维、愉悦身心、放松大脑有着较大的积极作

[1] 武亮花，姜峰，刘院斌．青少年网络成瘾行为的影响因素 [J]. 山西医科大学学报，2008，39（5）：440—442.

[2] 郑光，沙吉达，杨帆，等．徐汇区中学生网络成瘾情况及其影响因素分析 [J]. 中国学校卫生，2011，32（4）：439—441.

用，但是这些积极作用皆在“时间适度”的前提下方成立。

据凤凰网报道，贵州一位13岁的孩子毛毛（化名），因为爸爸工作较忙，平时没有时间管教他，每天放学一回到家里就玩游戏，最近更是对一款游戏沉迷。虽然游戏出台了“未成年人防沉迷系统”，但是也无法阻止毛毛拿着家长的手机玩。一天，爸爸工作回来看到毛毛临近考试不仅不复习功课，而且玩游戏玩得更凶了，一气之下夺过毛毛手中的手机，呵斥他去学习。毛毛说你不给我手机我就从楼上跳下去，爸爸并没有理会他，毛毛转身就从4楼的窗户跳了下去……

送往医院抢救的毛毛最终被诊断为双股骨骨折、左髌骨骨折、颌面部裂伤，而且据主治医师讲述，还会产生后遗症。毛毛的爸爸告诉记者，毛毛在病情稳定下来说的第一句话竟然是——把手机给我！我要登录账号！

每每提起毛毛这次过激的行为，毛毛的爸爸就自责到不能自已：我不应该一直纵容他玩游戏的，不然他也不至于沉迷成这样，还最终差点送了命！

由此可见，严格控制玩游戏的时间，是预防网络游戏沉迷的关键一步。为此，青少年可做以下努力：

第一，树立时间观念，学会安排自己的课余时间。俗话说：“意识是行动的指挥棒。”只有自己先有意识去防范，才能从根源上与网络游戏沉迷断绝关系。树立时间观念，意味着青少年自己要清楚地知道，在什么时间点应该做什么事情，比如课余的时间可以用来帮助家长做家务、跟同学们外出游玩、阅读等;意味着要懂得取舍,懂得游戏虽然能给人带来快乐,但是长时间坐在电脑前会导致视力下降、颈椎弯曲等,懂得舍弃一时的快感,为长久的健康着想。

第二,借助外力帮助来控制玩网络游戏的时间。对于自制力比较薄弱的同学,借助一定的外力来帮助自己控制玩网络游戏的时间,大有益处。比如列一个作息表,每天规划,每天提醒和鞭策自己要按照作息表上的时间进行活动。如果这样仍然无法控制自己继续在电脑前厮杀,还可以请求家长、好朋友或者老师的帮助,让他们来监督,久而久之,就会形成时间观念,渐渐摆脱别人的督促,一到约定时间即会自动关闭游戏页面。

第三,手机闹铃法与强制关机法并行,一到时间自动关闭网络游戏。针对一些网络游戏沉迷程度较深的青少年,有必要采取一些强制性的控制手段,比如在打开游戏页面的同时,在手机上调好玩游戏的时间,一旦闹铃响起,必须关闭游戏;或者在自己的电脑上安装网络游戏显示器,自主设置游戏时间,当打开网络游戏的时长到达设置的时长时,电脑就会自动关闭,无法继续游戏。这两种方法虽然较为粗暴,但是对网络深度迷恋的青少年而言,效果最为显著。

第四,转移注意力,多安排一些课外活动,填充自己的课外时间。很多沉迷于网络游戏的青少年,都是由于“闲得发慌”,下课之后多出来的时间不知如何安排,便只能挥霍在网络游戏中。让自己忙起来,是有效防止沉迷于网络游戏的另一种方法。不管是去跑步、打篮球还是游泳,让自己出一身汗,抑或与两三好友逛逛街、谈谈人生。当时间被其他的活动占据了,便不会再去想游戏中的虚拟情节,玩游戏的时间自然大大减少。

三、谨慎交友,远离网络"瘾君子"

谯子曾说过这样的话:"夫交之道,犹素之白也。染之以朱,则赤;染之以蓝,则青。"古人一语道破在漫漫人生道路中,旁人及环境对成长的影响。青少年时期是个体社会化的重要时期,而社会化的顺利完成,离不开人与人之间的交流。大量的研究表明,孩子在婴儿时期,最依赖的对象是父母,最信赖的对象也是父母,但是随着年龄的增长,孩子对父母的依赖度会下降,转而将情感依赖的重心放在同龄人或者是"心理同龄人"的身上,也就是说,到了青少年时期,孩子会更偏向于与同龄人交流。[1]在这个时期,孩子与什么人交朋友就显得尤为重要。

时代的性格就是青年的性格。作为"网络原住民"的新一代青少年,网络是重要的精神寄托,争当网络达人,称霸游戏世界,是他们对成功的另一种阐述,特别是在一些极重"义气"的网络游戏中,青少年更容易迷失自我。

[1] 袁琳,赵丽霞. 关于中学生网上交友的调查及心理分析 [J]. 电化教育研究,2002(10):71—73.

《生活报》曾披露过这样一个故事：13 岁的小兵(化名)，因为一次考试考砸了，回到家中受到了爸爸的训斥，一气之下跑到外面哭泣，刚好遇到了从网吧出来的王某。王某看到满脸泪痕的小兵，前去搭讪，并请小兵在路边的大排档吃了晚餐。“没有什么事情是一局游戏搞不定的，如果有，那就玩两局！”在王某的带领下，小兵踏进了网吧，在网吧中玩到了深夜，直到爸爸满头大汗地找到了他，将他拖回家。回到家，小兵自然免不了受一顿痛打。

这件事情之后，小兵认定了爸爸不爱自己只爱成绩，认定了王某是自己的知己，是自己的“兄弟”，在最难过的时候，不仅请自己去吃饭还带自己去放松，于是他经常下了课偷偷找王某一起玩游戏，不知不觉中，深陷网络游戏不可自拔，甚至伙同王某到自己家中偷钱用来充值上网，幸好被邻居发现及时劝阻，才没有酿成大祸。

案例中的小兵，由于交友不慎，不仅使自己陷入网络游戏的深渊不可自拔，还差点被这个所谓的“朋友”教唆走上犯罪的道路。青少年与身边的人交朋友本来是很正常的事情，朋友之间也会相互模仿、相互学习，从彼此的身上汲取养分和能量，在很多人身上，也发生了青少年时期结交了一生的挚友的动人故事。交友对青少年而言，极其重要。但是倘若在青少年时期结交了不好的朋友，被他们带偏了人生轨道，将祸害无穷。青少年在结交朋友时，要警惕一些交友陷阱。

陷阱一，缺乏辨别真君子和伪君子的能力，错交朋友。“误交伪君子,其祸为烈矣。”对想要摆脱父母和老师的管束的青少年而言,他们对交友的渴望强烈,但是往往是这种对朋友的强烈渴望,使得他们对辨别朋友真伪的能力下降。如果这个时候有一些犯罪团伙以“兄弟义气”为诱饵,极易吸引一些辨别能力较差的青少年加入。因为交友不慎而发生的惨剧频频见诸报端。

陷阱二,故意结交一些有劣迹的青少年或者社会人士,以彰显自己的成熟及与众不同。部分在交友方面存在障碍的青少年往往会比较孤独,他们沉默寡言,总是坐在教室的最角落,羡慕班里活泼开朗的孩子身边有三三两两的好伙伴。为了彰显自己的不一样,他们故意在同学们面前刷存在感,制造话题以引起大家的注意,在社会上结交一些看起来“比较酷”“很不一样”的朋友。而这部分“朋友”常常会出没于各大网吧,与他们的交往的主要内容自然就是在网吧中玩游戏,或者在街上厮混。这样的交往必然会遭到父母的反对,造成家庭成员间的冲突,一旦父母引导不慎,青少年甚至会跟着这一帮“朋友”走上歧途。

弗兰西斯·培根说道:“得不到友谊的人将是终身可怜的孤独者,没有友情的社会则只是一片繁华的沙漠。”如何借来一双慧眼,识别人生道路上的良友,是青少年成长的必修课。

第一,洁身自好,交友时注重心灵与心灵的沟通。自己若是一个洁身自好的人,围绕在身边的,必然是阳光开朗的小伙伴。青少年结交朋友时,应该注重心灵上的分享与沟通,知心朋友应该是可以倾诉烦恼、可以相互鼓励、可以抱头痛哭也可以并肩共进的人。在与这样的朋友的交往中，可以发现自我的不足，改正自我的错误，学习他人的长处与优点，完成个人的成长和个性的形成，健康快乐地走过青春期。

第二，追求交友的质量，不追求交友的数量。夏基所著的《隐居放言》中有关于交朋友的一些心得，写得很精辟，值得青少年学习借鉴，书中写道："广结客，不如结知己二三人。"强调了交友应重质量。交上两三个能放怀直言、推心置腹、互相帮助、苦乐同享的朋友，是人一生中莫大的欣慰。朋友贵在真诚相处、肝胆相照，友谊才能长存不衰，勉强为之，必定给自己带来遗憾与烦恼。

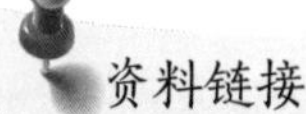

资料链接

管宁和华歆二人一起在菜园中锄地，见到地里有一片金子，管宁把它当作砖头瓦片一样的东西，照旧锄之，不予理会；华歆却把它拾起来，然后扔了出去。二人曾在同一张席上读书，遇有达官贵人从门外经过，管宁依旧读书，不受影响；华歆却把书抛在一边，出去看热闹。管宁便把席子割为两半，跟华歆分开坐，说："你不是我的朋友。"这便是著名的"割席断义"的故事。

四、转移视线，扩大兴趣范围

兴趣，在心理学上的解释是以人的精神需要或者物质需要为基础而进行的某项活动。一个人的兴趣,与他的生活经历、情感依恋和认知程度息息相关。兴趣是一种无形的动力,当我们对某件事情或某项活动很感兴趣时,就会很投入。青少年的兴趣,特指青少年对于事物的特殊的认识倾向。例如,热爱篮球的学生,会比较倾向于观看篮球赛事;喜欢画画的学生,会乐于参加绘画展览;喜欢音乐的学生,会常常把耳机放在耳朵里听音乐。一个沉迷于网络游戏的孩子,则必然是“电脑侠”或者“低头族”。

根据兴趣对青少年活动的作用,可将其分为积极兴趣与消极兴趣。前者指对青少年的活动起促进作用的兴趣,后者指对青少年的活动起消极作用的兴趣,如赌博、酗酒、沉迷于网络以及影响正常工作或学习的无意义的兴趣。[1] 积极的兴趣催人上进,消极的兴趣只会让人陷入堕落的深渊。

据潮州新闻网报道,家住潮州市区的小林(化名)是个 15 岁的女孩,她对学习交友都不感兴趣,唯一的兴趣就是玩手机游戏。她经常在网上和其他玩家组队,挑战游戏关卡。为了玩得更过瘾,她用自己的零花钱购买虚拟游戏币,用来买游戏道具和升级装备等。通过升级,小林获得了一种在生活中得不到的成就感。而且级别越高,装备越好,小林越能感受到大家的拥戴。这种众星捧月的感觉,让小林的心情很是愉悦,她开始多次向父母要钱往游戏里充值,渐渐地变得一发不可收拾。之后小林以自杀为要

[1] 陈立 . 浅析对青少年兴趣的培养 [J]. 西部皮革,2016(10):249.

挟，让父母拿出 5 万多元现金供其游戏，父母拒绝了她疯狂且无理的要求。小林便离家出走，甚至出现自残的行为。家里人感觉到事态严重，赶忙为她找了一名心理咨询师。现在小林已休学并在积极治疗中。

案例中的小林，在花一样的年纪中，本应该去享受大自然赋予的雨露和阳光，健康茁壮地成长，却在不良兴趣的指引下，误入迷途。在互联网无孔不入的时代，网络游戏成瘾已经是一个世界性的顽疾，宜疏不宜堵。拓宽青少年的视野，全面培养积极的兴趣爱好，丰富青少年的精神生活，将青少年的目光从游戏中转移出来，宜早不宜迟。

第一，重新认识自己，放大自己积极的兴趣爱好。如果是一个安静的孩子，也许会喜欢看书、画画；如果是一个活泼的孩子，也许会喜欢体育、舞蹈；如果是一个细心的孩子，也许会喜欢手工、烹饪…… 在青少年的成长过程中，总有一些除了游戏以外的活动，能收获成就感和快乐，不妨慢下脚步来，重新审视自己，认识自己的兴趣爱好是什么，有意识地去培养放大这些兴趣爱好，将浪费在游戏上面的时间和精力安排在这些积极的兴趣爱好上，也许会有意想不到的收获。

第二，树立目标，让兴趣成为自己拿得出手的才华。树高千尺，必有其根；大河上下，必有其源。要想自己的特长之树挺拔、才华之河绵长，离不开其根源 —— 兴趣。一个平凡的兴趣也许很难坚持，但是树立了一个目标，奔着目标去完成一件事，就会拥有持续的动力。比如喜欢登山，就罗列必登的山峰；喜欢旅游，就计划每一段旅程；喜欢弹琴，就设定达到的水平…… 短期的目标能规范行为，长远的目标能指引人生的方向。当兴趣爱好一天天充实生活，成为生活的调味品，成为可以展示的才华的时候，青少年的日程安排中，自然就会少了网络游戏的时间。

第三，参加社团活动，与朋友一起享受真实游戏。青少年的社团多是志同道合的人成立的，比如舞蹈社团、篮球社团、绘画社团、爱心社团等等。选择一些自己感兴趣的社团，加入社团组织的比赛、联谊等活动，与同龄的小伙伴们一起完成社团布置的任务，既能培养自己的兴趣，发挥自己的才能，贡献自己的力量，为社团的使命和荣誉共同奋斗，又能结交现实中的好朋友，在交往中感受友情，感受现实生活的美好，摆脱网络虚拟世界带来的虚幻想象。

网络游戏成瘾是一个发展的过程，破解网络游戏沉迷的方法说一千道一万，关键还得靠青少年自己。青少年只有树立网络游戏沉迷防范意识，学习网络基础知识，控制网络游戏时间，并谨慎交友，扩大自己的兴趣爱好面，才能顺利越过网络游戏成瘾的雷池，向着美好的未来进发。

讨论问题

1. 外部环境对你的成长有影响吗?

2. 你认为成绩优劣与老师有关联吗?

3. 面对父母的“高压政策”,你是如何释放压力的?

4. 如果有一天你沉迷于游戏,能自己走出来吗?

— 学习活动设计 —

活动一　你已经了解了当今世界网络游戏的基本情况,也已经对网络沉迷有了认识,那么,你了解所在学校或者所在班级的同学们对网络游戏与网络沉迷的认识吗?请你设计一张与此有关的问卷,通过网络或者其他途径将其发散出去并收回,通过这样一次问卷调查来对本校或本年级的网络游戏使用状况及网络沉迷状况有一个真正的了解。

活动二　读过此书,知道了沉迷于网络有多方面的影响之后,在你身边个别同学具有网络沉迷倾向时,你认为最有效的能用来帮助这些同学的方法是什么?

活动三　当你通过此书认识到网络游戏具有正负能量后,请你在学校或班级内组织一次以网络游戏的利弊为主要内容的辩论活动,通过正方和反方的辩论,让同学们真正了解网络游戏到底对青少年有哪些好处,同时存在哪些弊端。

参考文献

1. [美] 赫伯特·马尔库塞 . 单向度的人:发达工业社会意识形态研究 [M]. 刘继,译 . 上海:上海译文出版社,1989.

2. [荷兰] 约翰·赫伊津哈 . 游戏的人 [M]. 多人,译 . 杭州:中国美术学院出版社,1996.

3. 陈怡安 . 在线游戏的魅力:以重度玩家为例 [M]. 上海:复旦大学出版社,2003.

4. 黄少华 . 网络空间的社会行为 —— 青少年网络行为研究 [M]. 北京:人民出版社,2008.

5. [德] 席勒 . 审美教育书简 [M]. 张玉能,译 . 南京:译林出版社,2009.

6. 郭开元 . 未成年人网络沉迷状况及对策研究报告 [M]. 北京:中国人民公安大学出版社,2011.

7. 赵春梅,许雷霆 . 网络是只替罪羊:网瘾青少年家庭心理访谈录 [M]. 合肥:安徽教育出版社,2011.

8. [美] 尼尔·波兹曼 . 娱乐至死 [M]. 章艳,译 . 桂林:广西师范大学出版社,2011.

9. 冯廷勇 . 青少年心理成长护航丛书:神奇的心理学实验[M]. 重庆:西南师范大学出版社,2012.

10. [美] 简 · 麦戈尼格尔 . 游戏改变世界 [M]. 闾佳,译 . 杭州:浙江人民出版社,2012.

11. 陈雨晨 . 把孩子从网瘾里拉回来 [M]. 成都:成都时代出版社,2014.

12. [美] 克劳福德 . 游戏大师 Chris Crawford 谈互动叙事 [M]. 方舟,译 . 北京:人民邮电出版社,2015.

后　记

在编写《网络游戏与网络沉迷》一书的过程中，我们进行了大量的社会调查和定性定量分析。在这之前我们没有对此做过深入研究，对网络游戏与网络沉迷现象的认识是肤浅和表面的。然而，当我们真正沉下心来，将此作为一个研究课题来深入探讨时，才吃惊地发现网络游戏在当代人中具有超乎寻常的魅力，网络游戏已经融入了当代人的现实生活之中，成为不可或缺的一部分，成为我们交友建群等的重要依据。

当然，凡事总有利弊，我们必须辩证地分析、看待任何问题。因此，在调查研究不断深入的过程中，我们也看到了网络游戏带给人们的诸多弊端。我们可以毫不怀疑地说，网络游戏带给许多人快乐和轻松感，它让我们释放工作中的压力，忘却生活中的烦恼，但网络游戏也使许多人玩物丧志，浪费了大量的时间。我们必须强调网络游戏不是我们生活的全部，如果有人把网络游戏当成了他生活的全部，那性质就发生了变异，令人不安的字眼就出现了——网络沉迷。

王国维在《人间词话》中指出，诗人对宇宙人生，须入乎其内，又须出乎其外。入乎其内指入世，即进入而置身其中；出乎其外指远而观之，超然看世界。网络游戏亦然。入乎其内，我们才能享受其中的奥妙，乐在其中；出乎其外，我们方能超然观之，不被其左右。入乎其内容易，而出乎其外就不那么轻松了。许多人就是因为走不出网络游戏的迷宫，而迷失了自我。

我们做事皆得有个度，否则就会过度或不及，玩网络游戏亦然。作为一种消遣，偶尔为之甚好，而一旦深陷其中，迷失自我，甚至为此付出终身的代价，岂不可悲可叹！

值得一提的是，不少青少年正值青春年华，大好时光，本应成就一番事业，却因沉迷于网络游戏而玩物丧志，大好前程毁于一旦。

其实造成网络游戏沉迷的原因是多方面的，其中社会原因、家庭原因、青少年自身的心理原因和生理原因等等是重要因素，我们不再赘述。

在调查的过程中，我们看到了网络沉迷的许多可怕后果，不少青少年把网络游戏当成了自己生活的全部，他们将网络游戏当成人生唯一的乐趣，学习、家庭以及事业等则完全不当回事。这样，悲剧不断发生，有人玩游戏时死在网吧，有人将终身事业定位在玩网络游戏上，有人为了游戏去杀人抢劫，有人从网瘾发展到毒瘾……

玩网络游戏不是不可以，但要遏制成瘾，这是全社会都要参与的工作。从学校到家庭，从网吧到社会，从电脑编程员到网络游戏开发,所有与网络游戏有关的人员及部门都应携手共擒网络游戏成瘾这一恶魔,将其消灭在萌芽状态,不让其潜入人心,摄人魂魄!

本书的完成首先要感谢我的恩师罗以澄先生的教诲与点拨,感谢宁波出版社袁志坚总编、陈静主任和方妍编辑等同志的积极策划和督促。同时,要感谢我的硕士研究生同学们的积极参与,在我整体的构思和写作过程中,他们在初稿的完成阶段做了大量的调查和编撰工作,其中:陈怀志,第一章第一、二节;任家杉,第一章第三节和第三章第三节;乔永晟,第二章第二、三节;张梦,第三章第一、二节;刘颖超,第三章第四节和第四章第三节;农晓烨,第四章第一、二、四节。

由于我们的水平有限,本书在编写过程中必然会存在一些问题,还请专家、同仁以及广大读者批评指正。

陈亚旭

2017 年 6 月 18 日于广西南宁

图书在版编目（CIP）数据

网络游戏与网络沉迷 / 陈亚旭著 . — 宁波：宁波出版社，2018.2（2020.7 重印）
（青少年网络素养读本 . 第 1 辑）
ISBN 978-7-5526-3088-6

Ⅰ . ①网 … Ⅱ . ①陈 … Ⅲ . ①计算机网络—素质教育—青少年读物 Ⅳ . ① TP393-49

中国版本图书馆 CIP 数据核字（2017）第 264155 号

丛书策划 袁志坚　　**封面设计** 连鸿宾
责任编辑 方　妍　陈　静　　**插　　图** 菜根谭设计
责任校对 虞姬颖　李　强　　**封面绘画** 陈　燏
责任印制 陈　钰

青少年网络素养读本 · 第 1 辑
网络游戏与网络沉迷
陈亚旭　著

出版发行 宁波出版社
　地　址 宁波市甬江大道 1 号宁波书城 8 号楼 6 楼　315040
　电　话 0574-87279895
　网　址 http://www.nbcbs.com
印　　刷 宁波白云印刷有限公司
开　　本 880 毫米 × 1230 毫米　1/32
印　　张 7.5　　**插页** 2
字　　数 160 千
版　　次 2018 年 2 月第 1 版
印　　次 2020 年 7 月第 4 次印刷
标准书号 ISBN 978-7-5526-3088-6
定　　价 25.00 元